观赏树木识别手册

北方本

卓丽环　王玲　主编

中国林业出版社

图书在版编目（CIP）数据

观赏树木识别手册（北方本）／卓丽环，王玲主编．—北京：中国林业出版社，2014.10（2023.11重印）

全国林业职业教育教学指导委员会高职园林类专业工学结合"十二五"规划教材

ISBN 978-7-5038-7565-6

Ⅰ．观… Ⅱ．①卓… ②王… Ⅲ．①园林树木-高等职业教育-教材 Ⅳ．①S68

中国版本图书馆CIP数据核字（2014）第138303号

中国林业出版社·教育出版分社

策划编辑：	康红梅　田　苗
责任编辑：	田　苗　康红梅
出版发行	中国林业出版社（100009　北京西城区德内大街刘海胡同7号）
	E-mail: jiaocaipublic@163.com　电话：（010）83224477
	http://lycb.forestry.gov.cn
经　　销	新华书店
印　　刷	北京中科印刷有限公司
版　　次	2014年10月第1版
印　　次	2023年11月第3次印刷
开　　本	889mm×1260mm　1/64
印　　张	4.4375
字　　数	184千字
定　　价	39.00元

版权所有　　侵权必究

《观赏树木识别手册》(北方本)编写人员

主　编　卓丽环　王　玲
副主编　范丽娟　王　凯
编写人员（按姓氏拼音顺序）
　　　　范丽娟（东北林业大学）
　　　　裴淑兰（山西林业职业技术学院）
　　　　石玉波（嘉兴职业技术学院）
　　　　汪成忠（苏州农业职业技术学院）
　　　　王　凯（山西林业职业技术学院）
　　　　王　玲（东北林业大学）
　　　　卓丽环（上海农林业职业技术学院）

前言

　　《观赏树木识别手册》是"全国林业职业教育教学指导委员会高职园林类专业工学结合'十二五'规划教材"《观赏树木》的配套教材，分为南方本和北方本。北方本适用范围为秦岭、淮河以北地区，即通常指的北方地区。树种选择以园林上常用种为主，适当增加国内外引进栽培成功且发展前景较好的观赏树种。全书采用彩色实拍照片，与《观赏树木》教材中的线条图互为补充。识别特征描述力求准确、易懂、简练，并注意关键识别特征和相似种主要区别的描述，以便于记忆，有助于学习掌握和实习应用。

　　本书由卓丽环、王玲担任主编，卓丽环负责统稿并指导编写，王玲负责图片收集与整理、校对与修改等工作。编辑具体分工如下：范丽娟负责沙枣至阔叶箬竹部分；王凯负责银杏至软枣子部分；汪成忠负责心叶椴至东陵八仙花部分；王玲负责华北绣线菊至火棘部分；卓丽环负责合欢至紫藤部分；裴淑兰负责校对和补充完善工作；石玉波负责部分图片整理及文字校对补充工作。全书插图除编者拍摄外，还由植物爱好者侯万成等提供，在此谨向原作者致谢！

　　本书遵循科学、简洁、适用的原则，共收集280种

（含变种、变型及品种）观赏树木，隶属于58科。裸子植物树种按照郑万钧系统编排，被子植物树种按照克朗奎斯特1981年的系统编排，与《观赏树木》教材（按观赏特性分类）编排有所区别，有利于学习内容的拓展，方便在树木园、植物园、科属专类园等实际应用。

由于编者水平有限，疏漏与不当之处在所难免，敬请读者提出宝贵意见。

编　者
2014年2月

目 录

前言

银 杏	1	砂地柏	21	法 桐	41
辽东冷杉	2	侧 柏	22	杜 仲	42
云 杉	3	杜 松	23	小叶朴	43
红皮云杉	4	东北红豆杉	24	青 檀	44
白 杆	5	玉 兰	25	榆 树	45
青 杆	6	紫玉兰	26	榔 榆	46
长白落叶松	7	天女木兰	27	构 树	47
华北落叶松	8	鹅掌楸	28	桑 树	48
雪 松	9	蜡 梅	29	胡 桃	49
华山松	10	木姜子	30	胡桃楸	50
白皮松	11	三桠钓樟	31	枫 杨	51
红 松	12	五味子	32	板 栗	52
樟子松	13	短尾铁线莲	33	麻 栎	53
赤 松	14	大瓣铁线莲	34	槲 栎	54
乔 松	15	细叶小檗	35	蒙古栎	55
油 松	16	小 檗	36	辽东栎	56
水 杉	17	连香树	38	栓皮栎	57
圆 柏	18	英 桐	39	白 桦	58
铺地柏	20	美 桐	40	辽东桤木	59

榛　子	60	迎红杜鹃	84	毛山楂	108
千金榆	61	大字杜鹃	85	金露梅	109
鹅耳枥	62	柿　树	86	垂丝海棠	110
牡　丹	63	君迁子	87	山荆子	111
猕猴桃	64	溲疏	88	西府海棠	112
狗枣猕猴桃	65	大花溲疏	89	苹　果	113
软枣子	66	山梅花	90	新疆野苹果	114
心叶椴	67	太平花	91	海棠花	115
紫　椴	68	圆锥八仙花	92	新疆梨	116
蒙　椴	69	东陵八仙花	93	秋子梨	117
梧　桐	70	华北绣线菊	94	杜　梨	118
木　槿	71	粉花绣线菊	95	花　楸	119
柽　柳	72	珍珠绣线菊	96	天山花楸	120
银白杨	73	土庄绣线菊	97	刺蔷薇	121
新疆杨	74	三桠绣线菊	98	月　季	122
加　杨	75	柳叶绣线菊	99	玫　瑰	123
胡　杨	76	风箱果	100	黄刺玫	124
钻天杨	77	东北珍珠梅	101	木　香	125
小叶杨	78	华北珍珠梅	102	桃	126
毛白杨	79	白鹃梅	103	蒙古扁桃	128
垂　柳	80	水枸子	104	山樱花	129
旱　柳	81	平枝枸子	105	毛樱桃	130
兴安杜鹃	82	黄果山楂	106	日本樱花	131
照白杜鹃	83	山　楂	107	稠　李	132

李	133	毛刺槐	157	新疆鼠李	181
榆叶梅	134	槐树	158	枣树	182
山杏	135	花木蓝	159	爬山虎	183
杏	136	紫藤	160	五叶地锦	184
山桃	137	沙枣	161	葡萄	185
麦李	138	沙棘	162	乌头叶蛇葡萄	186
郁李	139	紫薇	163	栾树	187
贴梗海棠	140	石榴	164	文冠果	188
鸡麻	141	红瑞木	165	七叶树	189
枇杷	142	灯台树	166	茶条槭	190
棣棠	143	偃伏梾木	167	五角枫	191
火棘	144	山茱萸	168	复叶槭	192
合欢	145	四照花	169	元宝枫	193
山合欢	146	南蛇藤	170	鸡爪槭	194
山皂荚	147	丝棉木	171	黄栌	195
皂荚	148	卫矛	172	火炬树	196
紫荆	149	大叶黄杨	173	臭椿	197
紫穗槐	150	扶芳藤	174	香椿	198
红花锦鸡儿	151	胶州卫矛	175	黄檗	199
树锦鸡儿	152	黄杨	176	臭檀	200
小叶锦鸡儿	153	雀舌黄杨	177	刺五加	201
胡枝子	154	叶底珠	178	刺楸	202
葛藤	155	北枳椇	179	枸杞	203
刺槐	156	鼠李	180	宁夏枸杞	204

紫 珠	205	北京丁香	223	糯米条	241
小紫珠	206	欧洲丁香	224	忍 冬	242
海州常山	207	四季丁香	225	金银木	243
蒙古莸	208	流苏树	226	鞑靼忍冬	244
互叶醉鱼草	209	水蜡树	227	台尔曼忍冬	245
大叶醉鱼草	210	女 贞	228	华北忍冬	246
白蜡树	211	小叶女贞	229	陇塞忍冬	247
洋白蜡	212	金叶女贞	230	长白忍冬	248
绒毛白蜡	213	毛泡桐	231	接骨木	249
水曲柳	214	楸叶泡桐	232	鸡树条荚蒾	250
新疆小叶白蜡	215	楸 树	233	陕西荚蒾	251
雪 柳	216	梓 树	234	毛 竹	252
金钟连翘	217	凌 霄	235	紫 竹	253
东北连翘	218	美国凌霄	236	桂 竹	254
连 翘	219	锦带花	237	淡 竹	255
迎 春	220	海仙花	238	黄槽竹	256
紫丁香	221	猬 实	239	阔叶箬竹	257
暴马丁香	222	大花六道木	240		

参考文献　　　252
中文名索引　　259
拉丁学名索引　266

银 杏 *Ginkgo biloba*

别名：白果
科属：银杏科银杏属

　　落叶大乔木。叶扇形，二叉脉，顶端常2裂，在长枝上互生，在短枝上簇生。雌雄异株。种子核果状，椭圆形或近球形，熟时橘黄色，被白粉。花期4～5月，果期9～10月。

　　树姿挺拔雄伟，古朴别致，叶形奇特秀美，春叶嫩绿，秋叶金黄，是著名的园林观赏树种。

辽东冷杉 *Abies holophylla*

别名： 杉松
科属： 松科冷杉属

常绿乔木。叶条形，扁平，先端尖或渐尖，常螺旋状排成二列。球果圆柱形，直立。花期4～5月，果于当年10月成熟。

树冠形如尖塔，高大挺拔，终年翠绿，姿态优美。既适作行道树，又是良好的园景树，可以丛植或成片种植成景观林带。

云 杉 *Picea asperata*

科属：松科云杉属

    常绿乔木。小枝淡黄褐色，叶枕粗壮。叶四棱针形，四面有气孔线。雄球花单生叶腋；雌球花单生于枝顶。球果圆柱形，熟时栗褐色。种鳞革质。球果当年10～11月成熟。

    树冠塔形，挺拔俊秀，翠绿葱茏，可于庭园或草坪成丛配置或林植为景观林带。

红皮云杉 *Picea koraiensis*

科属: 松科云杉属

常绿乔木。小枝淡红褐色,具叶枕;叶四棱状针形,螺旋状排列,先端尖。球果卵状圆柱形。花期5~6月,果期10月。

树冠整齐,是北方地区优良的行道树和庭园观赏树种,也可修剪成球形、模纹图案或作绿篱。

白 杄 *Picea meyeri*

别名：白杄云杉
科属：松科云杉属

常绿乔木。小枝灰色，被短绒毛，具叶枕。叶四棱针形，蓝绿色，螺旋状排列，先端钝。球果圆柱形。花期5月，果期9～10月。

树冠塔形，枝叶浓密，叶色蓝绿，下枝能长期存在，适作行道树、绿篱或孤赏树，也可修成云杉球。

青杆 *Picea wilsonii*

别名： 青杆云杉
科属： 松科云杉属

常绿乔木。小枝淡黄绿色，无毛，具叶枕。叶四棱状针形，青绿色，螺旋状排列，先端尖。球果卵状圆柱形，熟时黄褐色。花期4月，果期10月。

树冠塔形，枝叶繁密，树形优美，叶色青绿，别具一格，可孤植、丛植于绿地，或列植为行道树。

长白落叶松 *Larix olgensis*

科属： 松科落叶松属

  落叶乔木。1年生枝淡红褐色。叶在长枝上螺旋状散生，在短枝上簇生，条形，扁平。雌雄球花均单生于短枝顶端。球果卵形，背部有瘤状小突起。花期5月，果当年9～10月成熟。

  尖锥形树冠，树干通直高耸，竖向效果好，枝叶紧密，春季叶簇黄绿，入秋叶色金黄，雌球花常为红色，颇为美丽，可于各类园林绿地丛植或林植。

华北落叶松　*Larix principis-rupprechtii*

科属：松科落叶松属

落叶乔木。树皮灰褐色，不规则块片状开裂。1年生枝淡褐色。叶在长枝上螺旋状散生，在短枝上簇生，条形，扁平。雌雄球花均单生于枝顶。球果长卵形。花期4~5月，球果于当年9~10月成熟。

尖锥形树冠高耸，雄伟又洒脱，叶簇春季黄绿，夏季浓绿，入秋则叶色金黄，极富季相美，雌球花常为红色，颇为美观，可丛植或林植，尤其在风景区成片栽植成纯林效果更佳。

雪松 *Cedrus deodara*

科属：松科雪松属

常绿乔木，树冠圆锥形。叶针状，在长枝上螺旋状互生，在短枝上簇生。雌雄异株，少数同株。球果直立。种鳞宽扇状，种翅宽大。花期10～11月，果期翌年9～10月。

树形优美，终年苍绿，是珍贵的庭园观赏及城市绿化树种。是世界著名五大庭园观赏树之一。

华山松 *Pinus armandii*

科属： 松科松属

常绿乔木，幼树树皮光滑。针叶5针一束；叶鞘早落。球果圆锥状长卵形，鳞脐顶生。种子无翅，较大，可食。花期4~5月，果期翌年9~10月。

树体高大挺拔，针叶苍翠，生长快，是优良的用材及山地风景林和庭园绿化树种。

树木识别手册(北方本)

白皮松 *Pinus bungeana*

科属: 松科松属

常绿乔木。幼树树皮灰绿色,不规则薄片状剥落后留下黄白色斑块,老树树皮白色。针叶3针一束。球果卵圆形,鳞盾肥厚,鳞脐背生,具刺。花期4~5月,球果翌年9~10月成熟。

树形古朴,幼树树皮斑驳美丽,老树树干花白,沧桑而嶙峋,为常用的庭园观赏树种,也可作黄土高原水土保持树种。

红 松 *Pinus koraiensis*

别名：果松
科属：松科松属

常绿乔木。树皮红褐色，不规则长方形鳞片状开裂。1年生枝密被红褐色柔毛。针叶5针一束，球果卵状圆锥形，成熟后种鳞不张开，种鳞顶端反曲。花期6月下旬，球果翌年9月下旬成熟。

树冠雄伟，姿态沉稳，枝叶密满，冠大荫浓，球果较大，形似"松塔"，宜作园景树或北方风景林树种。

樟子松 *Pinus sylvestris* var. *mongolica*

科属： 松科松属

常绿乔木。树皮下部灰褐色，鳞块状开裂；上部砖红色，光滑。叶针形，2针一束，常扭曲。球果长卵形，鳞盾斜方形，鳞脐呈瘤状突起。花期5～6月，球果成熟期翌年9～10月。

苍翠挺拔，树干上部砖红色，凝若肤脂，观赏性强，常用作行道树、庭园树、厂区绿化树及荒山绿化树种。

赤松 *Pinus densiflora*

科属：松科松属

常绿乔木。树皮红褐色,鳞片状剥落。1年生枝橘黄色或红黄色,无毛。针叶2针一束,细软。球果圆锥状卵形,种鳞螺旋状排列,鳞盾较平。花期4~5月,球果翌年9~10月成熟。

树形秀丽,橙黄枝干更增俊美,与绿叶相互映衬,风姿卓越,可植于庭院及机关单位绿地作园景树观赏,又可作树桩盆景。

乔 松 *Pinus griffithii*

科属: 松科松属

常绿乔木。树皮暗灰褐色,小块状开裂。1年生枝绿色,无毛。针叶5针一束,细柔下垂,灰绿色。球花单性同株。球果圆筒形,鳞脐顶生,无刺。花期5~6月,果期翌年9~10月。

树干端直,灰绿色针叶细柔下垂,扶疏而婆娑,潇洒又优美,可孤植、丛植于庭园、草坪或滨水景观绿地,也是北方造林用材。

油 松 *Pinus tabulaeformis*

科属： 松科松属

常绿乔木。树皮深灰褐色，鳞片状剥落。老年树冠常平顶。针叶2针一束。球果卵圆形，种鳞鳞盾隆起，鳞脐有刺，花期4~5月，球果翌年10月成熟。

树形古朴典雅，叶色苍翠，老树时枝干常扭曲，树冠盘伞开张，更显遒劲有力，为优良的庭园观赏树及城市绿化树种，孤植、列植、丛植均可。

【变种】

黑皮油松 var. *mukdensis* 与油松的主要区别是树皮黑灰色。

水 杉 *Metasequoia glyptostroboides*

科属： 杉科水杉属

　　落叶乔木。大枝近轮生，小枝对生。叶条形柔软，在枝上交互对生，基部扭转排成羽状，冬季与无芽小枝俱落。雌雄同株。花期2～3月，果期10～11月。

　　树干通直挺拔，春叶翠绿，秋叶棕褐色，一年四季景观变化丰富多彩，极富观赏性。

圆 柏 *Sabina chinensis*

别名： 桧柏
科属： 柏科圆柏属

常绿乔木。幼树常为刺叶，上面微凹，有 2 条白色气孔带；成年树及老树鳞叶为主，鳞叶先端钝。雌雄异株。球果肉质浆果状，近球形，被白粉且不开裂。花期 4 月，果期翌年 10~11 月。

树形优美，树冠形状变化多端，老年则干枝扭曲，奇姿古态，可独成一景，是观姿、观干及制作绿篱的好树种。

【常见品种】

'塔柏''Pyramidalis' 树冠幼时为圆锥形，大树为尖塔形。枝近直立，密集。叶全为刺叶。

'龙柏''Kaizuka' 树冠柱状塔形。侧枝短而环抱主干，端梢扭曲斜上展，形似龙"抱柱"。全为鳞形叶。

'鹿角'桧'Pfitzeriana' 丛生灌木，大枝自地面向上斜展，小枝先端下垂，通常全为鳞叶，灰绿色。

'丹东'桧'Dandong' 高达 10m。树皮灰褐色。树冠圆柱状尖塔形或圆柱形。侧枝生长较弱，叶二型，幼树全为刺状叶，成长树为鳞形叶。

'金星'球桧'Aureo-globosa' 丛生灌木，树冠近球形，枝密生。叶多为鳞形叶，在绿叶丛中杂有金黄色枝叶。

铺地柏 *Sabina procumbens*

别名： 爬地柏、偃柏
科属： 柏科圆柏属

　　常绿匍匐灌木。小枝端向上斜展。叶为刺叶，灰绿色，顶端有角质锐尖头，背面沿中脉有纵槽。球果具2～3种子。花期4月，果期翌年10月。

　　枝叶翠绿，蜿蜒匍匐，古雅别致，夏绿冬青，是布置岩石园、制作盆景及覆盖地面和斜坡的好材料。

观赏树木识别手册(北方本)

砂地柏 *Sabina vulgaris*

别名： 叉子圆柏、新疆圆柏、天山圆柏、沙地柏
科属： 柏科圆柏属

常绿匍匐灌木。具二型叶，鳞叶交互对生，刺形叶3枚轮生。球果倒卵圆形，熟时蓝黑色，被白粉。花期4~5月，果期9~10月。

匍匐生长，枝条斜展，枝头上扬，整体质感较粗糙，为地被植物和护坡的好材料，常与山石、沙丘配置。

侧 柏 *Platycladus orientalis*

科属： 柏科侧柏属

常绿乔木。枝侧扁直立，两面均为绿色。叶鳞片状。果鳞先端反曲；种子无翅。花期3～4月，果期9～10月。

树冠参差，枝叶苍翠，老树枝干苍劲，气势雄伟，是绿化隔离及观姿的好树种。

【品种】

'千头'柏 'Sieboldii'（'Nanus'） 丛生灌木，无主干。树冠呈紧密的卵圆形。枝密，直伸。

'金球'侧柏（洒金千头柏）'Semperaurescens' 矮型灌木，树冠球形。叶全年金黄色。

杜 松 *Juniperus rigida*

科属： 柏科刺柏属

常绿小乔木，树冠圆锥至塔形。刺叶针形坚硬而长，3枚轮生，基部有关节，正面有1条白粉带在深槽内，背面有明显纵脊。花期5月，果期翌年10月。

锥塔状树形，整齐而不失秀美，干形不如圆柏，宜作园景树、盆景及绿篱材料，尤其适合海岸庭园绿化。

东北红豆杉 *Taxus cuspidata*

别名： 紫杉
科属： 红豆杉科红豆杉属

常绿乔木。树皮红褐色，有浅裂纹。叶条形，螺旋状互生，排成2列；叶背面中脉两侧具2条灰绿色气孔带。种子卵圆形，着生于肉质杯状的红色假种皮内。花期5~6月，果期10月。

树形端正，叶片浓绿而有光泽，种子外披橙红色的假种皮，如一颗颗红豆挂在枝头，为优良的庭园绿化观赏树种，还可用于园林造型、绿篱和盆景材料。

玉 兰 *Magnolia denudata*

别名：白玉兰
科属：木兰科木兰属

  落叶乔木。叶倒卵状长椭圆形，先端突尖而短钝，基部楔形。花被片9，白色，每轮3，芳香。果圆柱形。花期2~3月，先叶开放，果期8~9月。

  花大洁白，早春白花满树，十分美丽，是名贵的早春观花树种。

紫玉兰 *Magnolia liliflora*

别名： 辛夷、木笔
科属： 木兰科木兰属

　　落叶灌木。叶柄上的托叶痕长为叶柄的一半。花被片外轮3枚，披针形，黄绿色；内两轮6枚，外面紫红色，内面近白色。花期3～4月，先叶开放或同放，果期8～9月。

　　花蕾形大如笔头，故有木笔之称，入药名为"辛夷"，为大家所喜爱的传统花木。

天女木兰 *Magnolia sieboldii*

别名： 天女花
科属： 木兰科木兰属

  落叶小乔木。1年生枝紫褐色，被贴伏细柔毛，枝具托叶痕。单叶互生；叶倒广卵形，先端突尖，基部近圆形，全缘。花单生，在新枝上与叶对生，与叶同时开放，萼片淡粉红色，花瓣白色；雄蕊细长紫红色。聚合蓇葖果红色。花期5～6月，果期9～10月。

  花洁白素雅，芳香，细长的紫红色雄蕊随风飘荡，宛若天女散花，是理想的庭园绿化观赏树种。

鹅掌楸 *Liriodendron chinense*

别名： 马褂木
科属： 木兰科鹅掌楸属

落叶乔木。叶马褂形，两侧各具一凹裂，老叶背部有白色乳状突点。花黄绿色，杯状，花被片9，花单生枝顶。聚合果由翅状小坚果组成。花期5~6月，果期10月。

树形端正，叶形奇特，秋叶黄色，是优美的庭荫树和行道树种。

树木识别手册(北方本)

蜡 梅 *Chimonanthus praecox*

科属： 蜡梅科蜡梅属

落叶灌木。幼枝近方形。单叶对生，全缘，叶面较粗糙。花单生叶腋，花被片蜡质，黄色，浓香，先花后叶。瘦果为坛状果托所包。花期11月至翌年3月，果期4~11月。

花开于寒月早春，花黄如蜡，清香四溢，是我国特有的冬季观赏佳品。

木姜子 *Litsea pungens*

科属: 樟科木姜子属

落叶小乔木。树皮灰白色。单叶互生,常聚生于枝顶;叶片披针形或倒卵状披针形,先端短尖,基部楔形,全缘,羽状脉。伞形花序腋生,先叶开放;花黄色。果球形,熟时蓝黑色。花期3~5月,果期7~9月。

披针状绿叶秀丽洒脱,春季散布黄花,夏秋蓝紫色的小果也有情趣,可作园林绿化树种及园景树。

三桠钓樟 *Lindera obtusiloba*

别名： 三桠乌药
科属： 樟科山胡椒属

　　落叶小乔木。枝棕色或棕黄色，单叶互生，叶扁圆形，先端尖，3裂或全缘，基部常心形，三出脉，幼嫩时叶背密生棕黄色卷曲的长毛，成长后不同程度脱落。伞形花序，黄色。浆果状核果，圆球形，紫黑色。花期4月，果期8～9月。

　　3裂的叶片层层叠叠，参差又不失秀美，晶莹的黄色小花先叶开放，夏秋枝头悬挂紫黑色小圆果，活泼可爱，有着良好的园林应用前景。

五味子 *Schisandra chinensis*

别名: 北五味子
科属: 五味子科五味子属

落叶木质藤本。单叶互生,叶片倒卵形至椭圆形,叶缘疏生小腺齿,叶柄及叶脉红色,网脉下凹。花单性,被片6~9,白色或粉红色。浆果球形,排成穗状,熟后深红色。花期5~6月,果期8~9月。

春季粉白色花朵灿烂动人,夏季果序深红,亦可观赏,是北方地区花果俱佳的优良垂直绿化树种。

短尾铁线莲 *Clematis brevicaudata*

科属: 毛茛科铁线莲属

落叶藤本。1~2回羽状复叶或2回三出复叶，小叶5~15，小叶叶缘有疏锯齿，有时3裂。圆锥状聚伞花序，白色。瘦果。花期6~7月，果期8~9月。

鲜绿的羽状复叶，扶疏垂落，夏季白花蔓蔓，清爽怡人，宜植于棚架、廊柱或作地被观赏。

大瓣铁线莲 *Clematis macropetala*

科属: 毛茛科铁线莲属

落叶藤本。叶对生,2回三出复叶,小叶狭卵形,叶缘有锯齿。花单生枝顶,萼片4瓣化,蓝紫色;花柱宿存,被灰白色长柔毛。瘦果。花期6~7月,果期8~10月。

蓝紫色的花大而美丽,随绿叶如流苏般垂落,生动迷人,宜用作垂直绿化或配置于园林角隅。

细叶小檗 *Berberis poiretii*

科属： 小檗科小檗属

落叶灌木。枝具明显细棱，红褐色，有刺。单叶互生或在短枝上簇生，叶片狭倒披针形，全缘或中上部有锯齿。总状花序下垂，黄色。浆果椭圆形，熟时红色。花期5~6月，果期8~9月。

丛生低矮，枝叶密生且有刺，叶色秀美鲜绿，黄花串串，红果艳艳，宜作刺篱围护或作果篱植于庭园供观赏。

小 檗 *Berberis thunbergii*

别名： 日本小檗
科属： 小檗科小檗属

  落叶灌木。分枝多，枝红褐色，刺通常不分叉。叶倒卵形或匙形，常簇生，长 0.5~2cm，全缘。花小，黄白色，单生或簇生。浆果亮红色。花期 5 月，果期 9 月。

  秋叶红色，果红艳可爱，是优良的观叶、观花、观果树种。

'十'小檗

【常见品种】

'紫叶'小檗'Atropurpurea' 在阳光充足的情况下,叶常年紫红色,为观叶佳品。

'金叶'小檗'Aurea' 叶及幼枝为金黄色,夏季在阳光照射下更鲜艳。

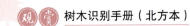

连香树 *Cercidiphyllum japonicum*

科属： 连香树科连香树属

落叶大乔木。树皮灰色或棕灰色。单叶对生，叶背面灰绿色带粉霜，边缘有圆钝锯齿，掌状脉7条直达边缘；生于短枝上的叶近圆形，生于长枝上的叶卵状三角形。花近无梗，簇生，苞片在花期红色。荚果状聚合蓇葖果，黑褐色，有宿存花柱。花期4月，果期8月。

树形优美，叶片清秀，春叶紫色，夏季浓绿，秋叶转黄或红色，季相变化丰富，为优美稀有的园林景观树和秋色叶树种。

英 桐 *Platanus × hispanica*

别名： 二球悬铃木
科属： 悬铃木科悬铃木属

　　落叶乔木。树皮大片状剥落，绿白色。单叶互生，掌状 3～5 分裂，裂片边缘有不规则粗齿，中央裂片长宽近相等，基部截形至心形。头状花序。聚合坚果球形，常 2 个串生，宿存花柱刺状。花期 4～5 月，果期 10～11 月。

　　树体壮阔，冠大荫浓，树干斑驳，叶片宽大，垂果有趣，风铃状成对悬于枝头。极适应城市环境，为世界著名的行道树和观干树种，有"行道树之王"之称。

树木识别手册(北方本)

美 桐 *Platanus occidentalis*

别名： 一球悬铃木
科属： 悬铃木科悬铃木属

  落叶大乔木。树皮乳白色，小块状剥落；嫩枝有黄褐色柔毛。单叶互生，掌状3~5浅裂，裂片边缘有不规则粗齿，中裂片宽大于长，基部浅心形至楔形。头状花序。聚合坚果球形，常1个。花期5月，果期9~10月。

  树体壮阔，树皮白净，叶片宽大，风铃状果实单个悬于枝头，适合作行道树和庭荫树。

法 桐 *Platanus orientalis*

别名： 三球悬铃木
科属： 悬铃木科悬铃木属

  落叶大乔木，树皮黄绿至灰白色，薄片状脱落。单叶互生，掌状5～7深裂，裂片边缘有不规则粗齿，中央裂片长大于宽，基部截形至心形。头状花序。聚合坚果球形，3～5个一串，宿存花柱突刺状。

  树体壮阔，冠大荫浓，树干斑驳，叶片宽大，垂果有趣，串串似风铃，适合作行道树和庭荫树。

杜 仲　*Eucommia ulmoides*

科属：杜仲科杜仲属

　　落叶乔木。枝具片状髓，无顶芽。枝、叶、果及树皮断裂后均有白色弹性丝相连。单叶互生。雌雄异株。翅果。花期4月，果期9~10月。

　　树干端直，树形整齐优美，枝叶茂密，是良好的庭荫树及行道树。

小叶朴 *Celtis bungeana*

别名：黑弹树
科属：榆科朴属

　　落叶乔木。树皮深灰色，平滑。单叶互生，叶长卵形，基部不对称，中部以上有锯齿，下部全缘，三出脉。核果近球形，熟时紫黑色。花期4~5月，果期9~10月。

　　姿态古朴，树皮光滑，枝叶繁茂，紫黑色的果实形似"小黑弹"，别有趣味，宜作庭荫树及城乡绿化树种。

树木识别手册（北方本）

青 檀 *Pteroceltis tatarinowii*

别名： 翼朴
科属： 榆科青檀属

  落叶乔木。树皮深灰色，长片状剥裂。单叶互生，叶片卵状椭圆形，先端长尖，三出脉，侧脉不直达齿端，叶缘基部以上有单锯齿。花单性同株。坚果具翅。花期4～5月，果期9～10月。

  树形整齐美观，枝繁叶茂，绿荫如盖，可作庭荫树、园景树和石灰岩山地绿化造林树种。

榆 树　*Ulmus pumila*

别名：　白榆、家榆
科属：　榆科榆属

　　落叶乔木。树皮黑灰色，深纵裂，小枝鱼骨状排列。单叶互生，叶片椭圆状卵形，叶缘多为单锯齿，叶基部不对称。春季叶前开花。翅果近圆形。花期3~4月，果期5~6月。

　　榆树和七叶树、椴树、法桐并称"世界四大行道树"，其姿态扎实厚重，朴实无华，葱郁高大，春季果实（榆钱）随风而落，景象动人。本种适应性强，宜作行道树、庭荫树及"四旁"绿化树种，亦可修剪成绿篱或用其老树桩制作盆景。

榔 榆 *Ulmus parvifolia*

科属： 榆科榆属

落叶或半常绿乔木。树皮薄鳞片状剥落后仍较光滑。叶较小而厚，卵状椭圆形，长2～5cm，基部歪斜，叶缘单锯齿（萌芽枝之叶常有重锯齿）。花簇生叶腋。翅果长椭圆形。种子位于翅果中央，无毛。花期8～9月，果期10月。

树姿古朴典雅，树皮斑驳雅致，枝叶细密，是观姿、观干以及制作盆景的好树种。

构 树 *Broussoneta papyrifera*

别名： 楮
科属： 桑科构属

落叶乔木，有乳汁。单叶互生，卵形，有粗锯齿，时有不规则深裂，两面密被柔毛。花单性异株，雄花为柔荑花序，雌花为头状花序。聚花果熟时橙红色。花期4～5月，果期8～9月。

树冠开阔，枝叶茂密，抗性强，生长快，繁殖容易，是城乡、工矿区及荒山坡地绿化的重要树种。

桑 树 *Morus alba*

别名： 白桑、家桑
科属： 桑科桑属

  落叶乔木，嫩枝及叶有乳汁。单叶互生，叶卵形或卵圆形，锯齿粗钝。花单性异株，柔荑花序。聚花果称桑葚，熟时由红变紫黑色。花期4月，果期6~7月。

  树冠开阔，枝叶茂密，秋叶黄色。我国古代人民有在房前屋后栽种桑树和梓树的传统，故常以"桑梓"代表故土家乡。

胡 桃 *Juglans regia*

别名： 核桃
科属： 胡桃科胡桃属

落叶乔木。树皮灰白色，纵裂。小枝粗壮，近无毛，片状髓。1回奇数羽状复叶互生，小叶5～9，卵状椭圆形，全缘，顶生小叶显著较大。雄花序为柔荑花序，雌花序穗状直立。核果球形，成对或单生，果核有2条纵棱。花期4～5月，果期9～10月。

树冠庞大，枝叶鲜绿扶疏，灰白色的树干亦有一定的观赏价值，核果富于情趣，适宜作庭荫树，也可作行道树。

胡桃楸 *Juglans mandshurica*

别名： 核桃楸、楸子、山核桃
科属： 胡桃科胡桃属

  落叶乔木。树皮灰色，浅纵裂。小枝粗壮，密被星状毛。奇数羽状复叶互生，小叶9～17枚，椭圆状披针形。雄花序为柔荑花序，下垂；雌花序穗状，直立。核果长卵形，果核具棱。

  冠大荫浓，叶片潇洒，柔荑花序下垂，随风摇动，颇有情趣，可作行道树和庭荫树。

树木识别手册(北方本)

枫 杨 *Pterocarya stenoptera*

别名: 平柳、麻柳、娱蛤柳
科属: 胡桃科枫杨属

  落叶乔木。枝髓片状,裸芽有柄。偶数羽状复叶互生,叶轴具窄翅,小叶10~28。坚果具2条状长圆形翅,成串下垂。花期4~5月,果期8~9月。

  树冠宽广,枝叶茂密,生长快,适应性强,可作庭荫树和行道树。

· 51 ·

板 栗 *Castanea mollissima*

别名： 栗子、毛板栗
科属： 山毛榉科（壳斗科）栗属

落叶乔木。树皮深灰色，不规则深纵裂。单叶互生；叶片长椭圆披针形，叶缘具刺芒，叶背面被灰白色毛。雌柔荑花序直立，总苞球形被长刺，每一壳斗内通常有坚果1~3枚。花期5~6月，果期9~10月。

树冠广圆，枝叶繁茂，叶片正反两色，形态俏丽，坚果奇特成趣，可孤植、丛植于草坪及坡地，或成片种植成景观林带。

麻 栎 *Quercus acutissima*

科属： 山毛榉科（壳斗科）栎属

落叶乔木。树皮深灰褐色，纵裂。单叶互生；叶片长椭圆状披针形，两面绿色，叶缘具刺芒。雄柔荑花序下垂，雌花单生。壳斗杯形，小苞片反曲。坚果近球形。花期3~4月，果期翌年9~10月。

树干通直，枝条开展，浓荫如盖，叶片翠绿俏丽，入秋变为橙褐色，富有季相美，为良好的园林观赏及绿化树种。

槲栎 *Quercus aliena*

科属: 山毛榉科（壳斗科）栎属

落叶乔木。树皮暗灰色，深纵裂。单叶互生；叶片倒卵状椭圆形，叶缘波状齿，叶下面被灰绿色毛，侧脉10~15对。雄柔荑花序下垂。壳斗杯形，包裹1/2坚果，外被白色柔毛。坚果椭圆形。花期4~5月，果期9~10月。

树形俊秀，叶片翠绿可爱，果实富于情趣，可作园景树或行道树。

蒙古栎 *Quercus mongolica*

别名：柞树
科属：山毛榉科（壳斗科）栎属

落叶乔木。树皮暗灰褐色，深纵裂。小枝紫褐色。单叶互生；叶片倒卵形，先端短突尖，基部耳状，叶缘具波状齿，侧脉8～15对，壳斗杯状，有瘤状突起。花期4～5月，果期9月。

叶形优美，形似琵琶，春夏葱绿，秋季叶色变为橙黄色至黄褐色，丰富多彩，冬季褐色叶片宿存枝头，亦可观赏，适宜作园景树或行道树。

辽东栎 *Quercus wutaishanica*

科属： 山毛榉科（壳斗科）栎属

落叶乔木。单叶互生；叶片倒卵形，先端短突尖，基部耳状，叶缘波状齿，侧脉5～7对。壳斗浅杯状，无瘤状突起。花期5～6月，果期9～10月。

叶形优美，形似琵琶，春夏鲜绿，秋季叶色变为橙黄色至黄褐色，丰富多彩，冬季褐色叶片宿存枝头，亦可观赏，适合丛植、林植为园景树。

栓皮栎 *Quercus variabilis*

科属： 山毛榉科（壳斗科）栎属

落叶乔木。树皮暗褐色，深纵裂，具发达的厚质木栓层。单叶互生；叶片卵状披针形，上表面绿色，下表面被毛呈灰白色，叶缘具刺芒状锯齿。雄柔荑花序下垂；壳斗碗状，小苞片反曲。坚果近球形。花期3~4月，果期翌年9~10月。

树干通直，树皮厚实，裂纹醒目，枝叶浓密，秋叶橙褐色，是良好的园林观赏及防护林营建树种。

树木识别手册（北方本）

白　桦　*Betula platyphylla*

科属：桦木科桦木属

　　落叶乔木。树皮粉白色，纸状剥裂。小枝红褐色。单叶互生；叶片三角状卵形，叶缘重锯齿。雄柔荑花序簇生，雌柔荑花序单生。小坚果两侧具翅。花期4～5月，果期8～9月。

　　树干洁白如柱，树姿优美，秋叶变黄，美轮美奂，冬枝红艳似火，尤配白雪蓝天，宜丛植于草坪或用作风景林树种。

树木识别手册(北方本)

辽东桤木 *Alnus sibilica*

别名：毛赤杨、水冬瓜
科属：桦木科桤木属

  落叶乔木。树皮灰褐色，平滑。单叶互生；叶片近圆形，先端圆，叶缘具不整齐粗齿和浅裂状缺刻，侧脉直伸齿端。坚果2~8个集生成总状果序，果苞木质，先端5浅裂。花期5月，果期8~9月。

  叶片宽大圆阔，层层叠叠，宜植于庭园低湿地或水边，是低湿地、护岸固堤和改良土壤的优良树种。

榛 子 *Corylus heterophylla*

别名： 榛、平榛
科属： 桦木科榛属

落叶灌木。小枝被灰色毛。单叶互生；叶片卵圆形至宽倒卵形，先端近截形，中央有一突尖，基部心形或圆形，叶缘具重锯齿。坚果近球形，果苞钟形被毛。花期4~5月，果期8~9月。

叶片较宽大，株形圆润，果实富于情趣，可作庭园观赏或工矿区绿化。

千金榆 *Carpinus cordata*

别名： 穗子榆
科属： 桦木科鹅耳枥属

　　落叶乔木。树皮灰褐色。单叶互生；叶片椭圆形，先端渐尖，基部心形，侧脉直伸叶缘，叶缘重锯齿。雄花序为柔荑花序。果苞膜质，坚果。花期5月，果期9～10月。

　　叶片精致秀丽，叶色鲜绿光亮，下垂的果穗奇特，别有情趣，可丛植于庭园、草坪或路边。

鹅耳枥 *Carpinus turczaninowii*

科属： 桦木科鹅耳枥属

落叶乔木。树皮深灰色，粗糙。单叶互生；叶片卵形，先端渐尖，基部圆形，叶缘具重锯齿，叶背面疏生柔毛。雄花序为柔荑花序。果苞卵形，一边有齿，一边全缘，小坚果卵圆形，有纵肋及腺点。花期5月，果期9～10月。

叶片精致秀美，秋季鲜黄夺目，果穗奇特，可丛植于庭园观赏。

牡 丹　*Paeonia suffruticosa*

别名：　木芍药、富贵花、洛阳花
科属：　芍药科芍药属

　　落叶灌木。2回三出复叶，顶生小叶先端3~5裂，侧生小叶2浅裂，背面常有白粉，无毛。花大，径12~30cm，单生枝顶；单瓣或重瓣，颜色多种。聚合蓇葖果密生黄褐色毛。花期4~5月，果期9月。
　　花大色艳，有"国色天香"的美称，被誉为"花中之王"，具有很高的观赏价值。

猕猴桃 *Actinidia chinensis*

别名：中华猕猴桃
科属：猕猴桃科猕猴桃属

落叶缠绕藤本。幼枝、叶背、果密生棕色柔毛。枝有矩状突出叶痕。单叶互生，叶圆形或倒卵形，先端圆钝或微凹，边缘有芒状细锯齿。花单性异株，乳白色，后变黄色。浆果椭圆形。花期6月，果期9～10月。

花大美丽，芳香，硕果垂枝，是花、果兼赏的优良棚架树种。

狗枣猕猴桃　*Actinidia kolomikta*

别名： 狗枣子
科属： 猕猴桃科猕猴桃属

　　落叶藤本。片状髓淡褐色。单叶互生，叶片卵状椭圆形，基部心形，边缘有锯齿，部分叶有大型白色或粉红色斑。花白色，芳香，花药黄色。浆果椭球形，黄绿色。花期6~7月，果期8~9月。

　　部分叶有大型白斑或红斑，可作为斑色叶树种应用于垂直绿化中，效果别具一格。

软枣子 *Actindia arguta*

别名： 软枣猕猴桃、猕猴梨
科属： 猕猴桃科猕猴桃属

  落叶藤本。片状髓白色至淡褐色。单叶互生，叶片近圆形，先端突尖，基部圆形或微心形，叶缘具锐齿。花乳白色，聚伞花序腋生。浆果椭圆形，熟时黄绿色。花期6～7月，果期9～10月。

  叶片圆润，白色大花，美丽芳香，果味甜香，在园林绿化中可作垂直绿化树种，是良好的观花、观果的棚架材料。

心叶椴 *Tilia cordata*

别　名：欧洲小叶椴
科　属：椴树科椴树属

　　落叶乔木。单叶互生，叶片近圆形，基部心形，叶上表面暗绿色，背面灰蓝绿色，脉腋有褐色毛簇生，叶缘锯齿细尖。聚伞花序黄白色，芳香。核果近球形，密被绒毛。花期6～8月，果期8～9月。
　　树冠球形规整，枝叶茂密，叶如心形，夏季满树白花，清香扑鼻，宜作行道树及庭荫树。

紫 椴 *Tilia amurensis*

别名： 籽椴、小叶椴
科属： 椴树科椴树属

　　落叶乔木。树皮灰色，较光滑。单叶互生，叶片卵圆形，基部心形，叶缘有刺芒，上表面暗绿色，背面灰绿色。聚伞花序黄白色，花序梗下半部与舌状苞片合生。坚果卵球形。花期6~7月，果期9月。

　　树姿俊朗，枝条"之"字形有动势，叶簇繁茂，满树白花，香气宜人，苞片奇特，别有趣味，是优良的行道树、庭荫树及工厂绿化树种。

蒙椴 *Tilia mongolica*

科属： 椴树科椴树属

  落叶乔木。树皮红褐色。单叶互生；叶片宽卵形，先端渐尖，基部微心形或斜截形，叶缘具芒状锯齿，有时呈 3 浅裂。聚伞花序花瓣黄白色。坚果倒卵形。花期 6~7 月，果期 8~9 月。

  树姿俊朗，满树白花，秋叶亮黄，熠熠生辉，可作园景树或植为风景林。

梧 桐 *Firmiana platanifolia (Firmiana simplex)*

别名： 青桐
科属： 梧桐科梧桐属

落叶乔木，树干端直。树皮绿色平滑。叶3～5掌状裂，顶生圆锥花序，花单性同株。蓇葖果远在成熟前即开裂呈叶状，匙形。种子球形，表面皱缩，着生于果皮边缘。花期6～7月，果期9～10月。

树干通直，树冠圆形，干枝青翠，叶大而形美，秋季叶色金黄，是优良的庭荫树和行道树。

木 槿 *Hibiscus syriacus*

别名： 无穷花
科属： 锦葵科木槿属

　　落叶灌木。单叶互生，掌状脉，叶菱状卵形，端部常3裂。花单瓣或重瓣，有淡紫、红、白等色。蒴果。花期6~9月，果9~11月成熟。

　　木槿夏秋开花，花期长而花朵大，是优良的观花树种。

柽 柳 *Tamarix chinensis*

科属: 柽柳科柽柳属

  落叶灌木或小乔木。树皮红褐色,枝细长而下垂。叶细小,鳞片状。总状花序侧生于去年生枝上者春季开花,与总状花序集成顶生大圆锥花序者夏秋开花,花小,5基数,粉红色。蒴果10月成熟。

  姿态婆娑,枝叶纤秀,花期长,是良好的防风固沙及改良盐碱土树种,亦可植于水边供观赏。

树木识别手册(北方本)

银白杨 *Populus alba*

科属： 杨柳科杨属

落叶乔木。树皮白色至灰白色。小枝被白绒毛。萌枝和长枝上叶片宽卵形，掌状3～5浅裂，背面密生不脱落银白色绒毛；短枝上叶片卵圆形，叶缘具不规则齿牙；叶柄被白毛。雄花序为柔荑花序。蒴果圆锥形。花期4～5月，果期5～6月。

树冠宽阔，树干笔直，树形高耸，枝叶美观，幼叶红艳，成熟叶片上绿下白，极富光影效果，适宜作行道树或园景树。

新疆杨 *Populus alba* var. *pyramidalis*

科属： 杨柳科杨属

落叶乔木。树皮灰白或青灰色，光滑少裂。萌条和长枝叶掌状深裂，基部平截，背面被白色绒毛。短枝叶圆形，有粗缺齿，基部平截，下面绿色近无毛。仅见雄株。

树冠圆柱形，枝直立向上，树干光洁通直，叶片正反两色，光影效果强。可在草坪、庭前孤植、丛植，或于路旁列植、点缀山石，也可用作绿篱及基础种植材料。

加 杨 *Populus×canadensis*

别名：加拿大杨

科属：杨柳科杨属

　　落叶乔木。小枝较粗，髓心不规则五角形。顶芽发达，芽鳞数枚。单叶互生，近正三角形，叶缘有钝齿，叶柄长而扁。雌雄异株，柔荑花序，常先叶开放。蒴果。种子小，基部有白色丝状长毛。花期4月，果期5月。

　　树体高大，树冠宽阔，花序柔软下垂，是观姿、观叶的好树种。

胡 杨 *Populus euphratica*

科属：杨柳科杨属

落叶乔木。树干灰褐色，深条裂，具长短枝。单叶互生，蓝绿色，在短枝上簇生，叶形多变化，长枝和幼苗、幼树上的叶线状披针形或狭披针形，全缘或有不规则的稀疏波状齿牙；短枝上叶宽卵形，三角状卵形，先端具粗齿牙。蒴果。花期5月，果期7～8月。

球形树冠，姿态优美叶色蓝绿，入秋则变黄，富于季相美，是优良的行道树和庭园树种。

钻天杨 *Populus nigra* var. *italica*

科属： 杨柳科杨属

落叶乔木。树干通直，树皮暗灰色纵裂。侧枝成锐角开展。长枝上叶片扁三角形，宽大于长；短枝上叶片菱状卵形，通常长大于宽；叶柄扁。

窄圆柱形树冠，高耸俊美，适宜列植作行道树或作防护林、风景林树种。

小叶杨 *Populus simonii*

科属： 杨柳科杨属

  落叶乔木。小枝有棱。叶片菱状卵形至倒卵形，基部楔形，叶缘细锯齿，下面灰绿色形，叶柄圆，常带红色。柔荑花序。蒴果。花期3～5月，果期4～6月。

  树干通直，灰绿色的叶片秀丽俊美，可作行道树、庭荫树、公路绿化及风景林。

毛白杨 *Populus tomentosa*

科属： 杨柳科杨属

落叶乔木。树皮灰绿色至灰白色，老树灰褐色，深纵裂。长枝叶宽卵形至三角状卵形，具灰白色毛，叶缘浅裂或具有波状齿；叶柄扁。柔荑花序。蒴果圆锥形。花期3月，果期4～5月。

树冠宽阔，树姿雄壮，白色树干通直挺拔，叶片正反两色，富有光影效果，随风摇曳，沙沙作响。为优良庭园绿化树种，宜作行道树、庭荫树。

垂 柳 *Salix babylonica*

科属： 杨柳科柳属

落叶乔木。小枝细长下垂，髓心近圆形。顶芽缺，具1枚芽鳞。单叶互生，狭披针形，叶缘有细锯齿。雌雄异株，柔荑花序，常先叶开放。蒴果。种子小，基部有白色丝状长毛。花期3～4月，果期4～5月。

树姿飘逸潇洒，枝条柔软下垂，春叶嫩黄，是水岸配置的理想树种。

旱　柳　*Salix matsudana*

科属：杨柳科柳属

落叶乔木。大枝斜伸，小枝斜展或直立，淡黄褐色。单叶互生，叶片披针形。柔荑花序。花期4月上旬，果期4～5月。

姿态飒爽，树冠丰满，枝条柔软，是中国北方常用的庭荫树、行道树，常栽培在河湖岸边或孤植于草坪。

'龙须'柳

【常见品种】

'绦柳''Pendula'　枝条细长下垂，外形像垂柳，故又称旱垂柳。但小枝较粗，黄色。叶缘具腺毛锐齿。雄花具2腺体。

'龙须'柳（'龙爪'柳）'Tortuosa'　枝条自然扭曲。

'馒头'柳'Umbraculifera'　树冠为半圆球形的馒头状，分枝密，多集于主干顶部。

'馒头'柳

树木识别手册(北方本)

兴安杜鹃 *Rhododendron dauricum*

科属： 杜鹃花科杜鹃花属

半常绿灌木。小枝细而弯曲，幼枝有腺鳞和柔毛。单叶互生，近革质，叶片卵状长圆形，全缘，两面有腺鳞。花生于枝顶，先叶开放；花冠宽漏斗形，紫红色。蒴果。花期4~5月，果期7月。

叶茂花繁，艳丽夺目，清香怡人，是优良的观赏花灌木，可丛植于草坪或路边，也可作花篱。

照白杜鹃 *Rhododendron micranthum*

科属： 杜鹃花科杜鹃花属

常绿灌木。多分枝，小枝被柔毛和腺鳞。单叶互生，叶片革质，长圆形至倒披针形，全缘，下面密被褐色腺鳞。总状花序顶生，花冠白色。蒴果。花期5~6月，果期8~9月。

花小而密集，洁白素雅，宜丛植或片植于庭园供观赏。但植株有毒，须注意。

迎红杜鹃 *Rhododendron mucronulatum*

科属： 杜鹃花科杜鹃花属

　　落叶灌木。多分枝，枝叶被腺鳞。单叶互生，叶片长椭圆状披针形，先端尖，基部楔形，全缘。花簇生于枝顶，先叶开放；花冠宽漏斗形，淡紫红色。蒴果被腺鳞。花期4~5月，果期6月。

　　叶色鲜绿，分枝密集，花繁茂而色艳，宜孤植、片植于庭园或作点缀花坛的花灌木。

【变种】

　　毛叶迎红杜鹃 var. *ciliatum*　与迎红杜鹃不同点在于叶片上面疏生糙毛。

大字杜鹃 *Rhododendron schlippenbachii*

科属：杜鹃花科杜鹃花属

落叶灌木。多分枝，小枝密生腺毛。叶常 5 枚集生于枝顶，叶片纸质，倒卵形，先端钝或微凹，基部楔形，全缘，下面中脉密被白毛。伞形花序顶生，花宽钟形，粉红色，内有紫红色斑点，稀白色。蒴果，被褐色腺毛。花期 5～6 月，果期 7 月。

枝叶密集，叶色嫩绿，5 枚叶片排列如"大"字，别致有趣，花大而色艳，又有斑点的变化，是优良花灌木，宜丛植或孤植于庭园供观赏。

柿 树 *Diospyros kaki*

科属： 柿树科柿属

落叶乔木。幼枝、叶背有黄褐色毛，后渐脱落。冬芽先端钝，卵状扁三角形，有"C"形叶迹。花单性异株或杂性同株。浆果大，熟时橙黄色或橘红色。花期5～6月，果期9～10月。

叶大荫浓，秋叶红色，果实满树，高挂枝头，极为美观，是园林结合生产的好树种。

君迁子 *Diospyros lotus*

别名： 黑枣
科属： 柿树科柿属

  落叶乔木。树皮灰黑色，长方块状深裂。单叶互生，叶片长椭圆形，全缘。雄花组成聚伞花序，萼4深裂，花后增大；花冠淡黄或带红色。浆果近球形，熟时黄褐色，后变蓝黑色，有白粉。花期4～5月，果期9～10月。

  树形端正，叶色浓绿，秋叶红艳，花色鲜艳，果实蓝黑透亮，是可以观果的秋色叶树种。适合作园景树观赏，也可用作行道树。

溲 疏　*Deutzia scabra*

别名：　空疏、巨骨、空木、卵花
科属：　虎耳草科溲疏属

　　落叶灌木。树皮薄片状剥落。单叶对生，叶长卵状椭圆形，叶缘有小刺尖状齿，两面有毛，粗糙。花两性，白色或外面略带粉红色。蒴果近球形，顶端截形。花期5～6月，果期10～11月。

　　夏季开白花，繁密而素雅，宜丛植于草坪、林缘及山坡，也可作花篱及岩石园种植材料，花枝可供瓶插观赏。

【常见变种】

　　重瓣溲疏 var. *scabra*　花重瓣，稍有红晕。

树木识别手册（北方本）

大花溲疏 *Deutzia grandiflora*

科属： 虎耳草科溲疏属

落叶灌木。小枝灰褐色，中空。单叶对生，卵形或卵状椭圆形，先端渐尖，基部圆形，具不整齐细密锯齿，下面密被灰白色星状毛。花聚伞状，白色，花瓣5枚。蒴果半球形，花柱宿存。花期4～5月，果期6～7月。

春天叶前开放，花朵较大，满树雪白，是园林绿化中优良的白色系花灌木，宜可作花篱或植为庭园观赏。

山梅花 *Philadelphus incanus*

科属： 虎耳草科山梅花属

落叶灌木。小枝髓充实。单叶对生，叶片卵形至卵状长椭圆形，叶缘细尖齿，下面密被柔毛，三出脉。总状花序，花瓣4枚。蒴果开裂。花期5~7月，果期8~9月。

花芳香、美丽、多朵聚集，花期较长，从春到夏，可赏白花满树，为优良的观赏花木。宜栽植于庭园、风景区或作切花材料。

太平花 *Philadelphus pekinensis*

别名： 京山梅花
科属： 虎耳草科山梅花属

落叶灌木。枝髓充实，1年生枝紫褐色。单叶对生，叶片卵形至椭圆状卵形，三出脉，叶缘疏生小齿；叶柄带紫色。总状花序，花瓣4枚，乳白色。蒴果陀螺形，开裂。花期6月，果期9～10月。

枝叶茂密，花乳白而清香，花朵聚集，颇为美丽。宜丛植于林缘、园路拐角和建筑物前，亦可作自然式花篱或大型花坛之中心栽植材料。在古典园林中于假山石旁点缀，尤为得体。

圆锥八仙花　*Hydrangea paniculata*

科属：虎耳草科绣球属

灌木或小乔木。小枝粗壮，略方形。单叶对生，有时上部3叶轮生，卵状椭圆形，缘有细锯齿，背面脉上有毛。圆锥花序，不育花具4枚花瓣状萼片，全缘，白色，后变淡紫色；可育花白色，芳香。花期8～9月，果期10～11月。

株形圆润饱满，开花时节花团锦簇，花色自下而上有渐变效果，令人悦目怡神，是极好的观赏花木，宜于林缘、池畔、庭园角隅孤植或丛植。

东陵八仙花 *Hydrangea bretschneideri*

别名： 东陵绣球
科属： 虎耳草科绣球属

  落叶灌木。树皮片状剥落。老枝红褐色，无毛。单叶对生，叶片椭圆形或倒卵状椭圆形，先端渐尖，基部楔形，叶缘具尖锯齿，下面密被灰色卷曲长柔毛；叶柄常带红色。伞房花序边缘为不育花，白色后变淡紫色；中央为可育花，白色。蒴果。花期6~7月，果期8~9月。
  株形圆润饱满，叶片宽展俊美，开花时节花团锦簇，是极好的观赏花木，宜于林缘、池畔、庭园角隅孤植或丛植。

华北绣线菊 *Spiraea fritschiana*

科属： 蔷薇科绣线菊属

落叶灌木。小枝具棱。单叶互生，叶片卵形至椭圆状长圆形，叶缘具不整齐重锯齿或单锯齿，叶背面有毛。复伞房花序白色。蓇葖果，常具反曲萼片。花期6月，果期7~8月。

植株常丛生，分枝细密，叶色鲜绿，白花繁茂，可丛植于草坪、路边、角隅或作花篱。

树木识别手册（北方本）

粉花绣线菊 *Spiraea japonica*

别名： 日本绣线菊、蚂蟥梢、火烧尖
科属： 蔷薇科绣线菊属

落叶灌木。单叶互生，叶卵形至卵状长椭圆形，先端尖，叶缘有缺刻状重锯齿，叶背灰蓝色。花两性，淡粉红色至深粉红色，偶有白色，复伞房花序。蓇葖果半开张。花期6～7月，果期8～9月。

花色娇艳，花朵繁多。可在花坛、花境、草坪及园路角隅处构成夏日美景，亦可作基础种植之用。

【常见品种】

'金山'绣线菊 S. ×bumalda-'Gold Mound' 矮生灌木。新叶金黄色，夏季渐变黄绿色，秋叶橙红色，宿存不落。花粉红色。

'金焰'绣线菊 S. ×bumalda-'Gold Flame' 矮生灌木。春叶黄红相间，下部红色，上部黄色，犹如"火焰"，秋叶紫铜色。花粉红色。

粉花绣线菊

'金山'绣线菊

'金焰'绣线菊

珍珠绣线菊 *Spiraea thunbergii*

别名： 喷雪花
科属： 蔷薇科绣线菊属

　　落叶灌木。小枝细长，有棱角。单叶互生，叶片条状披针形，先端长渐尖，基部窄楔形，叶缘自中部以上具锯齿，两面无毛。伞形花序，白色。蓇葖果。花期4～5月，果期7月。

　　枝条纤细，温婉拱曲，春季白花满枝，宛若积雪，秋叶变红，甚为美观，是优良花灌木，季相美感强，宜作花篱或成片栽于庭园绿地。

树木识别手册（北方本）

土庄绣线菊 *Spiraea pubescens*

别名： 柔毛绣线菊
科属： 蔷薇科绣线菊属

落叶灌木。小枝开展，拱曲。单叶互生，叶片菱状卵形至椭圆形，先端急尖，基部宽楔形，叶缘自中部以上有粗锯齿，有时3裂，上面疏被柔毛，下面被短柔毛，沿脉较密。伞形花序，白色。蓇葖果。花期5～6月，果期7～8月。

为良好的白色系灌木，盛花时宛若白色锦带，可丛植于各类园林绿地，亦可作花篱材料。

三桠绣线菊 *Spiraea trilobata*

别名： 三桠绣球
科属： 蔷薇科绣线菊属

落叶灌木。小枝细弱，呈"之"字形弯曲。单叶互生，叶片近圆形，先端常3裂，基部圆形、楔形或稍心形，叶缘自中部以上具钝锯齿，两面无毛，基部具明显3～5脉。伞形花序白色。蓇葖果。花期5～6月，果期7～8月。

叶片圆钝，白花满树，显得拙而不凡，可丛植于各类园林绿地，亦可作花篱材料。

树木识别手册（北方本）

柳叶绣线菊 *Spiraea salicifolia*

科属： 蔷薇科绣线菊属

　　落叶直立灌木。枝条密集。单叶互生，叶片长椭圆形至披针形，边缘密生锐锯齿，有时为重锯齿，两面无毛。圆锥花序长圆形或金字塔形，花瓣粉红色。蓇葖果。花期6～8月，果期8～9月。

　　株形俊美，叶形俏丽，花序尖尖，鲜艳活泼，是优良的观花绿化树种。适宜在庭院、池旁、路旁、草坪等处丛植，作整形树也颇为优美，亦可栽作花篱。

风箱果 *Physocarpus amurensis*

科属：蔷薇科风箱果属

落叶灌木。树皮纵向剥落。单叶互生,叶片三角状卵形至宽卵形,先端多3裂,基部心形或圆形,叶缘具重锯齿,叶下沿脉有毛。顶生伞形状总状花序,密被星状柔毛;花白色。蓇葖果膨大,熟时红色。花期6月,果期7~8月。

叶片皱绿,质感柔和,白花密集,团团丛丛,果实红艳,娇媚可爱,可丛植于庭园、草坪或花境观赏。

【常见品种】

'金叶'风箱果 'Luteus' 叶黄色。

风箱果

'金叶'风箱果

东北珍珠梅 *Sorbaria sorbifolia*

科属： 蔷薇科珍珠梅属

落叶灌木。小枝被毛。奇数羽状复叶互生,卵状披针形,叶缘有尖锐重锯齿。顶生圆锥花序,花瓣白色。蓇葖果长圆形。花期7~8月,果期9月。

叶形秀丽,花期正值盛夏,白花丰盈,与绿叶相衬显得恬淡清雅,银白色的花蕾更似颗颗珍珠挂于叶间,活泼动人,是夏季植物景观中良好的白花灌木,冬天宿存于枝头的黄褐色果序,也有一定观赏价值。

华北珍珠梅 *Sorbaria kirilowii*

别名： 珍珠梅
科属： 蔷薇科珍珠梅属

落叶灌木。奇数羽状复叶互生,卵状披针形,具尖锐重锯齿。大型圆锥花序顶生;花白色。蓇葖果长圆形。花期6~7月,果期9~10月。

叶形秀丽,花期正值盛夏,白花丰盈,花蕾似珍珠般洁白剔透,是夏季植物景观中良好的白花灌木,宿存的圆锥形黄褐色果序,冬季也有一定观赏价值。

白鹃梅 *Exochorda racemosa*

科属： 蔷薇科白鹃梅属

落叶灌木。小枝微有棱，无毛。单叶互生，叶片椭圆形，全缘。总状花序顶生，白色，花瓣倒卵形，基部有短爪。蒴果倒圆锥形，棕红色，具5棱。花期3～5月，与叶同放，果期6～8月。

树形端正，叶片鲜绿秀美，花色洁白秀丽，繁茂于枝头，宜丛植于庭园、草坪、坡地作观赏，为春季美丽的白花系灌木树种。

水枸子　*Cotoneaster multiflorus*

别名：　多花枸子
科属：　蔷薇科枸子属

　　落叶灌木。小枝细长，常弓形弯曲。单叶互生，叶片卵形或宽卵形，先端急尖或圆钝，基部圆形或宽楔形，全缘。聚伞花序，白色。小梨果近球形，熟时红色。花期5~6月，果期8~9月。

　　叶小而圆润，叶色浓绿，花繁洁白，果色红艳可爱，颗颗动人，是花果俱佳的灌木，又是良好的岩石园及湖畔水边景观树种。

树木识别手册(北方本)

平枝栒子 *Cotoneaster horizontalis*

别名：铺地蜈蚣
科属：蔷薇科栒子属

　　落叶或半常绿匍匐灌木。枝水平开展，小枝黑褐色无刺，在大枝上呈二列状，宛如蜈蚣。叶近圆形，全缘，背面有柔毛。花粉红色，1～2(3)朵。梨果鲜红色，常有3小核。5～6月开花，9～10月果熟。

　　枝水平开展成整齐两列状，宛如蜈蚣，平铺地面，春季开花，粉红艳丽，入秋红果累累，经冬不落，极为夺目，是良好的地被植物，最宜作基础种植及布置岩石园的材料，也可植于斜坡、路旁和假山旁供观赏。

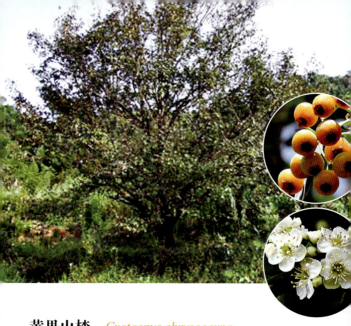

黄果山楂 *Crataegus chrysocarpa*

别名： 阿尔泰山楂
科属： 蔷薇科山楂属

　　落叶灌木或小乔木。通常无刺。单叶互生，叶片三角状卵形，先端急尖，基部楔形，有2～4对裂片，基部一对分裂较深，叶缘具疏锯齿。复伞房花序顶生，白色。梨果球形，熟时金黄色。花期5～6月，果期8～9月。

　　树形疏朗，叶形羽裂，形状别致，白花金果，观赏价值高。可丛植于各类园林绿地或修剪成球。

山 楂 *Crataegus pinnatifida*

科属： 蔷薇科山楂属

落叶小乔木。通常有枝刺。单叶互生，叶片宽卵形至三角状卵形，先端渐尖，基部宽楔形，常两侧各有3~5对羽状深裂片，叶缘有尖锐重锯齿。伞房花序，白色。梨果近球形，熟时深红色，有浅褐色斑点。花期4~5月，果期9~10月。

羽裂叶片别致秀美，花洁白素雅，果实累累，鲜红美观，是观花、观果的优良绿化树种及绿篱树种。

【变种】

山里红(大果山楂) var. *major* 树形较大，枝刺不明显。叶较大、厚，常3~5羽状浅裂，托叶早落。果较大，径约2.5cm，鲜红色，有光泽。

山里红

毛山楂 *Crataegus maximowiczii*

科属: 蔷薇科山楂属

落叶灌木或小乔木。小枝粗壮,无刺或有刺。单叶互生,叶片宽卵形或菱状卵形,叶缘有稀疏重锯齿,3~4浅裂,上面散生短柔毛,下面密生灰白色柔毛。复伞房花序,总花梗和花梗均被灰白色柔毛,花瓣白色。梨果近球形,熟时红色。花期5~6月,果期8~9月。

枝叶繁茂,叶片别致,簌簌白花,累累红果,是优美的观赏树木。可栽植于林缘、草坪或庭园之内。

金露梅 *Potentilla fruticosa*

别名：金老梅
科属：蔷薇科委陵菜属

　　落叶灌木。奇数羽状复叶互生，小叶通常 5，椭圆状披针形，全缘，无柄。花单生或数朵成聚伞花序；花瓣鲜黄色。聚合瘦果。花期 6～8 月，果期 9～10 月。

　　株形秀美，羽叶婆娑，黄色花朵，鲜艳夺目。人工栽植后枝叶繁茂，花期长达 120d，珍贵的夏秋花灌木，宜栽于庭园草地或作花篱。

垂丝海棠 *Malus halliana*

科属： 蔷薇科苹果属

落叶小乔木，枝开展。叶缘锯齿细钝；叶柄及中脉常带紫红色。花蕾玫瑰红色，开放后粉红色，花萼紫色；花梗细长下垂，4~7朵簇生于小枝端。花期4月，果期9~10月。

春日繁花满树，娇艳美丽，是点缀春景的主要花木。

山荆子 *Malus baccata*

别名： 山丁子、山定子
科属： 蔷薇科苹果属

  落叶小乔木或乔木。树冠宽圆形，小枝无毛。单叶互生，叶片椭圆形或卵形，先端渐尖，基部楔形或圆形，叶缘有细锐锯齿。伞形花序，白色或淡粉红色。梨果近球形，熟时红色或黄色。花期4～5月，果期9～10月。

  树冠丰满开展，花多色白，果红累累，是园林绿化中很好的观赏树种。

西府海棠 *Malus micromalus*

别名： 小果海棠
科属： 蔷薇科苹果属

落叶小乔木。树干黄绿色。单叶互生，叶片长椭圆形或椭圆形，先端急尖或渐尖，基部楔形或近圆形，叶缘有尖锐锯齿。伞形总状花序，粉红色。梨果近球形，红色。花期4～5月，果期8～9月。

株形成束抱拢，枝干直立性强，花色粉红艳丽，果色透红，可作园景树。

观赏树木识别手册(北方本)

苹 果 *Malus pumila*

科属: 蔷薇科苹果属

落叶乔木。树冠球形,小枝紫褐色,被绒毛。单叶互生,叶片椭圆形至卵形,先端急尖,基部宽楔形或圆形,叶缘具圆钝锯齿,下面有柔毛。伞房花序生于枝端,白色带有红晕。梨果扁球形,两端均凹陷。花期5月,果期7~10月。

树冠浑圆,叶色浓绿,花白有晕,柔美妩媚,果大色艳、丰硕诱人。可丛植于庭园或片植于绿地。

新疆野苹果 *Malus sieversii*

科属：蔷薇科苹果属

落叶乔木。树冠宽广。单叶互生，叶片卵形至宽椭圆形，叶缘具圆钝锯齿，两面具柔毛。花序近伞形，粉色，含苞未放时带玫瑰紫色。梨果球形或扁球形，熟时黄绿色，有红晕。花期5月，果期8~9月。

树冠宽阔，冠大荫浓，粉花黄果，皆可观赏，可作为庭园树种栽植。

海棠花 *Malus spectabilis*

别名：海棠
科属：蔷薇科苹果属

落叶小乔木。小枝红褐色，粗壮。单叶互生，叶片长椭圆形至卵状长椭圆形，先端尖，基部宽楔形或圆形，叶缘有紧贴细锯齿。近伞形花序，蕾期粉红色，开花后淡粉红色至近白色。梨果近球形，黄色。花期4～5月，果期8～9月。

树冠宽阔，冠大荫浓，花色粉白渐变，果实黄里透红，可作为庭院观赏树种栽植。

【常见品种】

'重瓣粉'海棠 'Riversii' 花重瓣，粉红色，叶较宽大。北京园林中多栽培。

'重瓣白'海棠（'梨花'海棠）'Albiplena' 花重瓣，白色。

新疆梨 *Pyrus sinkiangensis*

科属：蔷薇科梨属

落叶小乔木，树冠半圆形，枝条密集开展。单叶互生，叶片卵形至宽卵形，先端短尖，基部圆形，叶缘上半部有细锐锯齿。伞形总状花序，白色。梨果卵形至倒卵形，黄绿色。花期4月，果期9~10月。

树干中正，姿态端庄，叶片鲜绿，白花似雪，随风飘落，纷纷扬扬，可作庭园观花观果树种。

秋子梨 *Pyrus ussuriensis*

别名： 山梨
科属： 蔷薇科梨属

落叶乔木，树冠宽卵形。冬芽肥大。单叶互生，叶片宽卵形至椭圆状卵形，先端短尖，基部圆形或近心形，叶缘有刺芒。伞形总状花序，白色。梨果近球形，黄色。花期4～5月，果期8～10月。

株形端正，叶片洒脱，花瓣似雪，花蕊红艳，清丽而柔美，果实鲜黄，醒目诱人，可作庭园观花、观果树种。

杜 梨 *Pyrus betulaefolia*

别名: 棠梨
科属: 蔷薇科梨属

  落叶乔木,树冠开展。常具枝刺。幼枝、幼叶密被灰色绒毛。单叶互生,叶片菱状卵形至椭圆形,叶缘具粗锐锯齿。伞形总状花序,白色。梨果近球形,褐色,有淡色斑点。花期4月,果期8～9月。

  树冠俊朗,叶片清秀,花繁茂而洁白,果实较小却富有情趣,可植于庭园观赏。

花 楸 *Sorbus pohuashanensis*

别名： 百花山花楸
科属： 蔷薇科花楸属

落叶小乔木。小枝粗壮，冬芽密被灰白色绒毛。奇数羽状复叶互生，小叶11～15，椭圆状长圆形至长圆状披针形，叶缘中部以上有细锐锯齿，下面苍白色。顶生复伞房花序，花小，白色。梨果近球形，熟时红色或橘红色。花期6月，果期9～10月。

盛花时满树银花，入秋红果累累，光彩夺目，而且经冬不落，是花果俱佳的观赏树种，宜作园景树、行道树及群落配置。

天山花楸 *Sorbus tianschanica*

科属: 蔷薇科花楸属

落叶灌木或小乔木。奇数羽状复叶互生,小叶 9～15,卵形或卵状披针形,先端渐尖,基部宽楔形,叶缘具细锯齿。复伞房花序大型,白色。梨果球形,熟时鲜红色,被蜡粉。花期 5～6 月,果期 8～9 月。

树形中正圆润,叶片翠绿,婆娑洒脱,白花果红,具有较高的观赏价值。

刺蔷薇 *Rosa acicularis*

别名： 大叶蔷薇
科属： 蔷薇科蔷薇属

落叶灌木。小枝有细直皮刺并密生针刺。奇数羽状复叶互生，小叶3~7，宽椭圆形，叶缘有单锯齿或不明显重锯齿；叶柄、叶轴有毛或皮刺。花单生或2~3朵集生，花瓣粉红色至乳白色，有香味。蔷薇果长椭圆形，熟时红色。花期6~7月，果期7~9月。

枝叶密集，蔓性强，夏季花色艳丽，秋季果实红艳，可供庭院绿化或作刺篱。

月 季 *Rosa chinensis*

别名: 月月红、月季花
科属: 蔷薇科蔷薇属

落叶或半常绿丛生灌木。嫩茎、叶均无毛,皮刺钩状,分散而少。小叶3~5,边缘有锯齿,表面光泽明显,叶轴上有刺或无刺;托叶约为叶柄长的1/3。花色繁多,大小变化多端,瓣型多样;花单生或数朵簇生于枝顶,少数集成松散的伞房花序,花柄长;花柱离生,伸出于花托口外;花开时,萼片反卷;花的寿命长。

花色艳丽,花期长,是重要的观花树种,是园林布置的好材料,又可作盆栽及切花材料。

玫 瑰 *Rosa rugosa*

科属： 蔷薇科蔷薇属

  落叶或半常绿丛生灌木。枝密生针刺、刚毛及绒毛。小叶5～9，椭圆形，边缘有钝锯齿，表面无光泽，背面稍有白粉及柔毛；叶轴上有绒毛及刺，托叶约为叶柄长之半。花有紫红、粉红和白等色，浓香；单生或数朵聚生，花梗短；花柱连合成头状，塞于花托之口；花开放时，花萼与花同时开展；花寿命短。

  色艳花香，是著名的观花灌木。

黄刺玫 *Rosa xanthina*

别名： 黄刺莓
科属： 蔷薇科蔷薇属

  落叶灌木。小枝红褐色，具基部渐宽的皮刺。奇数羽状复叶互生，小叶7～13，近圆形，叶缘有圆钝锯齿。花单生于叶腋，重瓣或半重瓣，黄色。蔷薇果近球形，紫红色。花期4～6月，果期7～8月。

  树冠卵圆，枝色紫红，叶片密集，黄花醒目，冬果紫红，为庭园常见观赏花灌木，宜丛植或作刺篱。

木 香 *Rosa banksiae*

科属：蔷薇科蔷薇属

落叶或半常绿攀缘灌木。枝细长绿色，皮刺少，无毛。小叶3~5，长椭圆状披针形；托叶线形。花白色或淡黄色，芳香；单瓣或重瓣，花梗细长，3~15朵排成伞形花序。果红色，近球形。花期5~7月，果期8~10月。

枝条万千，花叶繁茂，盛花时白花如雪，黄花灿烂，芳香宜人，尤以花香闻名，是垂直绿化的好材料。

桃 *Prunus persica* (*Amygdalus persica*)

科属： 蔷薇科李属

落叶小乔木。冬芽有毛，3枚并生。叶长椭圆状披针形。花粉红色。核果近球形，表面密被绒毛。花期3~4月，先叶开放，果6~9月成熟。品种较多，分为食用桃和观赏桃两类。

花色艳丽，妩媚可爱，是园林中重要的春季观花树木。

'紫叶'桃

'碧桃'

【常见品种】

'碧桃''Duplex' 花重瓣,粉红色。

'绯桃''Magnifica' 花重瓣,鲜红色。

'红花碧'桃'Rubra Plena' 花重瓣,红色。

'绛桃''Camelliaeflora' 花半重瓣,深红色。

'白花'桃'Alba' 花单瓣,白色。

'红花'桃'Rubra' 花单瓣,红色。

'千瓣白'桃'Albo-plena' 花半重瓣,白色。

'花碧'桃'Versicolor' 花近于重瓣,同一树上,有红白相间的花朵。

'紫叶'桃'Atropurpurea' 叶紫红色。花单瓣或重瓣,粉红色。

'垂枝'桃'Pendula' 枝条下垂。花多近于重瓣,花色有红、白、粉白、红白二色等。

'塔形'桃'Pyramidalis' 树形呈窄塔形。

'寿星'桃'Densa' 树形矮。节间特短。花单瓣或半重瓣,红色或白色。

蒙古扁桃 *Prunus mongolica (Amygdalus mongolica)*

科属： 蔷薇科李属

落叶灌木。小枝顶端变成枝刺，有长枝和短枝之分。单叶在长枝上互生，在短枝上簇生；叶片宽椭圆形至倒卵形，先端圆钝，基部楔形，叶缘有浅钝锯齿。花粉红色，花梗极短。核果宽卵球形，较小，外面密被柔毛，成熟时开裂。花期4~5月，果期7~8月。

枝条灰色，分枝细密，叶片小巧，花色粉嫩。是蒙古高原古老残遗植物，可植于庭园赏花。

树木识别手册（北方本）

山樱花 *Prumus serrulata (Cerasus serrulata)*

别名： 山樱桃
科属： 蔷薇科李属

　　落叶乔木。树皮暗栗褐色，光滑。叶先端尾状，叶缘具芒状重锯齿或单锯齿，背面苍白色。花白色或淡粉红色，萼钟状或短筒状而无毛；常3～5朵呈短伞房总状花序。果黑色。花4月与叶同放，果期7月。
　　花色鲜艳亮丽，枝叶繁茂旺盛，是早春重要的观花树种。

毛樱桃 *Prunus tomentosa* (*Cerasus tomentosa*)

别名： 山樱桃
科属： 蔷薇科李属

落叶灌木。嫩枝密被绒毛，冬芽3枚并生。单叶互生，叶片椭圆形或倒卵状椭圆形，叶缘具尖锐或粗锐不整齐锯齿，下面密被灰色绒毛。花单生或2朵簇生；花瓣白色或淡粉红色。核果近球形，熟时红色。花期4~5月，果期6~9月。

春季开花，清新淡雅，果实圆润，红艳可爱。为优美的花灌木，常丛植于庭园观赏或点缀草坪。

树木识别手册（北方本）

日本樱花 *Prunus × yedoensis (Cerasus yedoensis)*

别名：东京樱花
科属：蔷薇科李属

落叶乔木。树皮暗灰色，平滑。小枝淡紫褐色。单叶互生，叶片椭圆状卵形或倒卵形，先端渐尖或尾尖，基部圆形，叶缘有尖锐重锯齿。伞形总状花序，先叶开花，白色或粉红色，花瓣先端凹缺，有香味，总梗极短。核果近球形，熟时黑色。花期4月，果期5月。

树形端正，花朵艳丽，为著名的观赏花木，可丛植于草坪或庭园，也可列植作行道树栽植。

稠 李 *Prunus padus (Padus racemosa)*

别名：臭李子
科属：蔷薇科稠李属

落叶乔木。树皮灰褐色，较光滑。单叶互生，叶片椭圆形、长圆形或长圆状倒卵形，先端渐尖，基部圆形或宽楔形，叶缘有细锐锯齿。总状花序下垂，白色，清香。果实成熟时黑色。花期4~5月，果期7~8月。

花序细长，花色洁白清香，秋叶变为黄色或红色，黑色的果实表面光亮，亦可观赏，是一种良好的观赏树种。

李 *Prunus salicina*

别名：李子
科属：蔷薇科李属

　　落叶乔木。树皮灰褐色，起伏不平。单叶互生，叶片长圆形至倒卵状椭圆形，先端渐尖，基部楔形，叶缘常为重锯齿。花白色，通常3朵并生，花瓣有明显带紫色脉纹。核果球形，黄色或红色，有时紫色和绿色，外被蜡粉。花期4~5月，果期7~8月。

　　春季白花紫纹，雅致清丽，夏季果实累累，亦可观赏，是花果俱佳的观赏树种。

榆叶梅 *Prunus triloba*

科属：蔷薇科李属

落叶灌木。小枝紫红色,冬芽3枚并生。单叶互生,叶片宽椭圆形或倒卵形,先端短渐尖,有时有3浅裂,基部宽楔形,叶缘具粗锯齿或重锯齿。花先叶开花,粉色至红色。核果近球形,熟时紫红色,外被短柔毛。花期4~5月,果期5~7月。

花繁多而艳丽,密满枝头,欣欣向荣,为北方地区早春优良的红色系花灌木,可丛植于草坪或林缘。

【常见品种】

'重瓣'榆叶梅 'Plena' 花重瓣,粉红色。

树木识别手册(北方本)

山 杏 *Prunus sibirica* (*Armeniaca sibirica*)

别名: 西伯利亚杏
科属: 蔷薇科李属

　　落叶灌木或小乔木。单叶互生, 叶片卵形或近圆形, 先端长渐尖至尾尖, 基部圆形至近心形, 叶缘具细钝单锯齿。花单生, 先叶开放, 白色或粉红色, 几无梗。核果扁球形, 黄色或橘红色。花期3~4月, 果期6~7月。

　　树冠平展, 花繁色艳, 娇柔妩媚, 是北方早春优良的红色系观花树种。

杏 *Prunus armeniaca* (*Armeniace mlgaris*)

科属：蔷薇科李属

落叶乔木。树皮灰褐色，纵裂。小枝红褐色，无毛。单叶互生，叶片宽卵形，先端短渐尖，基部圆形，叶缘具圆钝单锯齿，叶柄常带红色。花单生，淡红色或近白色，先叶开放，近无梗。果球形，径 2.5cm 以上。具纵沟，黄色或带红晕。花期 4~5 月，果期 6~7 月。

枝干质朴，但花密色艳，叶形优美，红艳的叶柄也可增添几分俏丽，表现出妩媚动人的满园春色，是庭园绿化的良好树种。

山 桃　*Prunus davidiana* (*Amygdalus davidiana*)

科属：蔷薇科李属

落叶小乔木。树皮紫红色，具光泽。单叶互生，叶片卵状披针形，先端渐尖，基部楔形，叶缘具细锐锯齿。花单生，先叶开放，粉红色。核果近球形，淡黄色，密被短柔毛。花期3~4月，果期7~8月。

株形平展，具有光泽的紫红色树皮可以四季观干，花色红艳，娇艳动人，是早春优良的红色系花灌木，可丛植于草坪、林缘、坡地或水边。

麦 李 *Prunus glandulosa*

科属： 蔷薇科李属

落叶灌木。单叶互生，叶片长圆状椭圆形或椭圆状披针形，中部或近中下部最宽，先端急尖或渐尖，基部广楔形，叶缘有不整齐细钝齿。花常2朵簇生，粉红色或白色。核果熟时红色。花期5月，果期7月。

春季粉花繁茂，夏季红果娇艳，为优良观花、观果花灌木。

树木识别手册(北方本)

郁 李 *Prunus japonica*

科属：蔷薇科李属

落叶灌木。单叶互生，叶片卵形或卵状披针形，先端渐尖，基部圆形，叶缘有缺刻状尖锐重锯齿，两面无毛或下面沿脉疏被柔毛。花1~3朵簇生，先叶开花或与叶同时开放，粉红色或近白色。核果近球形，径约1cm，熟时深红色。花期5月，果期7~8月。

枝条细长多花，花色粉白，为庭园观赏的优良花灌木。

贴梗海棠 *Chaenomeles speciosa*

别名： 皱皮木瓜
科属： 蔷薇科木瓜属

　　落叶灌木。枝开展，有枝刺。叶缘有齿；托叶大，肾形或半圆形。花3~5朵簇生于2年生枝上，朱红、粉红或白色。梨果黄色，芳香。花期2~4月，果期9~10月。

　　早春叶前开花，簇生枝间，鲜艳美丽，秋天又有黄色芳香的硕果，是一种很好的赏花观果灌木。

树木识别手册(北方本)

鸡 麻 *Rhodotypos scandens*

科属: 蔷薇科鸡麻属

落叶灌木。单叶对生,卵形或卵状椭圆形,先端渐尖,基部圆形至广楔形,叶缘有尖锐重锯齿,叶面有丝状毛。花单生于新枝顶端,白色,花萼、花瓣各4枚。核果黑褐色。花期4~5月,果期6~9月。

花大、洁白素雅,果实光亮,为良好花灌木,常植于庭园观赏。

枇 杷　*Eriobotrya japonica*

科属：蔷薇科枇杷属

常绿小乔木。小枝粗壮，密被锈色绒毛。单叶互生，革质，长椭圆状倒披针形，叶缘具疏锯齿，叶片下面密被锈色绒毛。顶生圆锥花序，白色，芳香，总花梗及花梗密生锈色绒毛。梨果近球形，熟时黄色或橘红色。花期10~12月，果期翌年5~6月。

树形优美，枝叶茂密，毛叶醒目，白花黄果，常作园景树栽植观赏。

树木识别手册(北方本)

棣 棠 *Kerria japonica*

科属: 蔷薇科棣棠属

落叶丛生灌木。小枝绿色光滑。叶卵状椭圆形,先端长尖,基部近圆形,缘有重锯齿。花黄色,单生侧枝端。瘦果。花期4~6月,果期6~8月。

枝叶青翠,细长柔软,花朵黄色,婀娜多姿,是美丽的观赏花木。

'重瓣'棣棠

【常见品种】

'重瓣'棣棠 'Pleniflora' 花重瓣。观赏价值更高。

火 棘 *Pyracantha fortuneana*

别名： 火把果
科属： 蔷薇科火棘属

常绿灌木。单叶互生，叶倒卵状长椭圆形，先端钝圆或微凹，有时有短尖头，基部楔形，叶缘有圆钝锯齿，近基部全缘。复伞房花序，白色。梨果球形，红色。花期4～5月，果期9～11月。

枝叶繁茂，初夏白花繁密，秋季红果累累如满树珊瑚，是一种美丽的观果灌木。适宜丛植于草地边缘、假山石间、水边桥头，也是优良的绿篱和基础种植材料。

合 欢 *Albizia julibrissin*

别名：绒花树
科属：含羞草科合欢属

落叶乔木。树冠宽广而平展。2回偶数羽状复叶互生，羽片4～12对，小叶镰刀形，中脉偏于一侧，全缘。头状花序，浓香，花丝粉红色，细长如缨。荚果扁平带状。花期6～7月，果期8～10月。

树形优美，树冠扩展，羽叶雅致，姿态洒脱，轻盈的红色绒花落英缤纷。为优良园林绿化树种，可植为行道树、庭荫树。

山合欢 *Albizia kalkora*

别名： 山槐
科属： 含羞草科合欢属

落叶乔木。2回偶数羽状复叶互生，羽片2~3对；小叶长圆形，先端圆，有细尖，基部截形，中脉明显偏近上缘，两面密生灰白色短柔毛，全缘。头状花序；花丝细长，黄白色或淡粉色。荚果扁平带状。花期6~7月，果期8~10月。

树冠扩展，羽叶雅致，轻盈的红色绒花落英缤纷。为优良园林绿化树种，可植为行道树、庭荫树。

树木识别手册（北方本）

山皂荚 *Gleditsia japonica*

科属： 云实科皂荚属

落叶乔木。枝刺粗壮，分枝，基部扁。羽状复叶互生，小叶上面沿中脉有短柔毛，下面无毛。总状花序腋生；杂性花，黄白色。荚果长，质薄而常扭曲，或呈镰刀状。花期4~5月，果期9~10月。

小枝紫褐色或脱皮后呈灰绿色，果实冬季不易脱落，可作园景树和行道树。

皂 荚 *Gleditsia sinensis*

别名: 皂角
科属: 云实科皂荚属

落叶乔木。枝刺粗壮,分枝,基部圆形。1回羽状复叶互生,小叶叶缘有细钝齿,下面网脉明显。总状花序腋生;杂性花,黄白色。荚果直伸而扁平,暗棕色,有光泽。花期4~5月,果期9~10月。

树冠广阔,枝叶浓密,树形优美,是良好园景树、庭荫树和行道树。

紫 荆 *Cercis chinensis*

别名： 满条红

科属： 云实科紫荆属

  落叶灌木或小乔木。小枝灰褐色，具皮孔。单叶互生，近圆形，先端急尖或短渐尖，基部心形或近圆，全缘，掌状脉；叶柄顶端膨大。花先叶开放；紫红色，簇生于老枝叶腋；花冠假蝶形。荚果扁平，带状。花期4月，果期8~9月。

  早春枝干布满紫花，艳丽可爱，可植于庭院和草坪边缘，或与常绿之松柏配植，是著名的庭园观赏树种。

紫穗槐 *Amorpha fruticosa*

科属： 蝶形花科紫穗槐属

落叶灌木。小枝密被柔毛。芽叠生。奇数羽状复叶互生，小叶先端圆或微凹，有刺尖，全缘，两面被白色短柔毛。顶生穗状花序，蓝紫色。荚果弯曲，棕褐色，有瘤状腺体。花期5～7月，果期9～10月。

枝叶繁密，宜植于庭院供观赏，也可作绿篱，根部有根瘤可改良土壤，是公路绿化、护坡固沙和复层防护林带的良好下木。

红花锦鸡儿 *Caragana rosea*

别名： 金雀儿花
科属： 蝶形花科锦鸡儿属

　　落叶灌木。小枝细长，灰黄色或灰褐色。托叶硬化成细刺状。羽状复叶互生，小叶4，假掌状排列，先端圆或微凹，有刺尖。花单生，橙黄带红色，凋谢时变紫红色。荚果圆筒形，红褐色。花期5～6月，果期7～8月。

　　为园林绿化中很好的花灌木，亦可作花篱、刺篱和山野地被水土保持植物。

树锦鸡儿 *Caragana sibirica*

科属： 蝶形花科锦鸡儿属

落叶灌木或小乔木。长枝上的托叶有时宿存而硬化成粗壮针刺。偶数羽状复叶互生或簇生。黄色蝶形花簇生。荚果圆筒形，稍扁。花期5~6月，果期7~8月。

花开时节，可形成一条亮丽的花带。是庭院观赏的优良树种，也是城乡绿化中常用的花灌木。

可孤植、丛植，也可作绿篱。

小叶锦鸡儿 *Caragana microphylla*

科属: 蝶形花科锦鸡儿属

　　落叶灌木。小枝幼时有毛,具叶轴及托叶刺。偶数羽状复叶互生或簇生,小叶5～10对,卵形至倒卵形,先端圆或微凹,有短刺尖,幼时两面有毛,全缘。花两性,1～2朵簇生,黄色,花梗被毛,中部有关节。荚果扁平,微膨胀。花期5～6月,果期8～9月。

　　枝叶茂密,花形美,花色艳,花期长,可固沙保土、改良土壤。宜植于岩石旁、小路边,作园林观赏及防风固沙。

胡枝子 *Lespedeza bicolor*

科属： 蝶形花科胡枝子属

落叶灌木。三出羽状复叶互生，有长柄；顶生小叶椭圆形或卵状椭圆形，先端钝或凹，有小尖。总状花序腋生；花冠蝶形，紫红色。荚果斜卵形。花期6~9月，果期9~10月。

叶鲜绿，花粉紫色而繁多，花期长。为优良的夏秋季观花灌木，可植于自然式园林中。

葛 藤 *Pueraria lobata*

别名： 葛
科属： 蝶形花科葛属

落叶缠绕藤本。全株被黄色粗长毛。三出复叶互生，顶生小叶菱状卵形，先端渐尖，全缘，有时3浅裂，侧生小叶宽卵形，基部偏斜。总状花序腋生；花冠蝶形，紫红色。荚果条形，扁平，密被黄褐色长硬毛。花期8~9月，果期9月。

蔓叶繁茂，藤条重叠，交错穿插，覆盖地面，是良好的垂直绿化材料和地被树种。

刺　槐　*Robinia pseudoacacia*

别名：　洋槐
科属：　蝶形花科刺槐属

'香花'槐

红花刺槐

落叶乔木。树皮褐色，深纵裂。1回奇数羽状复叶互生，小叶椭圆形或长卵形，先端圆或微凹，基部圆形，具托叶刺。总状花序腋生；花冠蝶形，白色，芳香。荚果扁平，带状，褐色。花期4~5月，果期7~8月。

树冠高大，叶色鲜绿，每当开花季节绿白相映，素雅而芳香。冬季落叶后，枝条疏朗向上，很像剪影，造型有国画韵味可作为行道树、庭荫树。

【常见变型、品种】

红花刺槐 f. *decaisneana*　花冠红色。

'无刺'槐 'Inermis'　枝无托叶刺或近无刺。树形整齐美观。

'球冠无刺'槐 'Umbracu-lifera'　树冠紧密，近球形。分枝细密，近无刺。

'香花'槐 'Idahoensis'　小枝棕红色，托叶刺较小。花粉红色或紫红色。花期5月、7~8月。

树木识别手册（北方本）

毛刺槐　*Robinia hispida*

别名：　毛洋槐、江南槐
科属：　蝶形花科刺槐属

　　落叶灌木。茎、枝、叶柄及花序上均密生红色长刺毛。托叶不变为刺状。小叶广椭圆形至近圆形，叶端钝而有小尖头。总状花序；花粉红色或淡紫色，大而美丽。荚果具腺状刺毛。花期6～7月，果期7～10月。

　　花大色美，宜丛植于庭院、草坪边缘、园路旁或孤植观赏，也可作基础种植用。

槐 树 *Sophora japonica*

别名： 国槐
科属： 蝶形花科槐属

  落叶乔木。树干浅裂，小枝绿色，无顶芽，侧芽为柄下芽。1回奇数羽状复叶互生，卵形至披针状卵圆形，下面苍白色，被平伏毛。圆锥花序顶生；花萼宽钟状，花冠蝶形，黄白色。荚果念珠状。花期6～8月，果期9～10月。

  树冠宽广，树姿优美，枝叶茂密，花朵状如璎珞，香亦清馥。寿命长，是北方常见的千年古树。宜作行道树和庭荫树。

【常见品种】

'龙爪'槐'Pendula' 树冠伞状，枝弯曲下垂。

'龙爪'槐

花木蓝 *Indigofera kirilowii*

别名： 花槐蓝、吉氏木蓝
科属： 蝶形花科木蓝属

　　落叶灌木。奇数羽状复叶互生，两面疏生白色丁字毛。总状花序腋生，与叶近等长；花冠蝶形，淡紫红色，无毛；萼钟状。荚果圆柱形，棕褐色，无毛。花期6～7月，果期8～9月。

　　花大而艳丽，花期长，宜植于庭园观赏，也可用作干燥瘠薄地绿化。

紫 藤 *Wisteria sinensis*

别名： 藤萝、朱藤
科属： 蝶形花科紫藤属

　　落叶缠绕大藤本。奇数羽状复叶互生，小叶卵形至卵状披针形，先端渐尖，基部圆形或宽楔形。总状花序侧生，下垂；花冠紫色或紫红色。荚果扁，密生灰黄色绒毛。花期4～5月，果期9～10月。

　　生长迅速，枝叶繁茂，繁花浓荫，先叶开放或与叶同时开放，花大而美具香气，荚果悬垂，是庭院花架、花廊绿化优良树种。

树木识别手册（北方本）

沙 枣 *Elaeagnus angustifolia*

别名： 桂香柳
科属： 胡颓子科胡颓子属

落叶乔木或小乔木。枝、叶、花、果被银白色腺鳞。枝具刺，单叶互生。花两性，黄色，芳香。坚果，被膨大肉质化的萼管所包，呈核果状；果核椭圆形，橙黄色，果肉粉质。花期5～6月，果期9月。

叶片银白，秋果淡黄，可作行道树、庭园观赏树或背景树。由于其耐修剪，也可作绿篱。

沙 棘 *Hippophae rhamnoides*

科属：胡颓子科沙棘属

落叶灌木或小乔木。棘刺较多，粗壮，芽大。全体密被银白色鳞斑。单叶常近对生，全缘；叶柄极短。花单性，黄色。坚果为肉质的萼管所包，呈浆果状，圆球形，橙黄色或橘红色。花期4～5月，果期9～10月。

果色艳丽，枝叶繁茂而密生枝刺，可植为防护性观赏刺篱及果篱。

紫 薇　*Lagerstroemia indica*

别名：痒痒树、百日红
科属：千屈菜科紫薇属

　　落叶灌木或小乔木。树皮光滑，小枝四棱。叶片椭圆形或卵形对生，近无柄。顶生圆锥花序；花鲜红色或粉红色，皱缩状，基部具长爪。蒴果近球形。花期7～9月，果期9～12月。

　　树姿优美，树干光洁古朴，花色艳丽，花期夏秋相连，故有"百日红"之称。为优良的夏季观花树种。各地园林普遍栽植观赏。

【常见品种】

'翠薇''Rubra'　幼枝、嫩叶带绿紫色，花带蓝紫色。
'银薇''Alba'　叶下面呈黄绿色，花白色。

石 榴 *Punica granatum*

科属：石榴科石榴属

落叶灌木或小乔木。小枝四棱形，常有刺。单叶对生或簇生，叶片椭圆状倒披针形，全缘，无毛而有光泽。花朱红色，花萼钟状，质厚。浆果球形，萼宿存。种子有肉质外种皮。花期5～7月，果期9～10月。

树姿优美，叶碧绿而有光泽，花色艳丽，花期长。为园林绿化优良树种，花果俱佳；又是盆栽和制作盆景、桩景的好材料。

红瑞木 *Cornus alba*

科属:山茱萸科梾木属

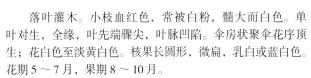

落叶灌木。小枝血红色,常被白粉,髓大而白色。单叶对生,全缘,叶先端骤尖,叶脉凹陷。伞房状聚伞花序顶生;花白色至淡黄白色。核果长圆形,微扁,乳白或蓝白色。花期5~7月,果期8~10月。

枝条终年血红色、花白、果乳白且密集,秋叶红色,是叶、花、果、干观赏性俱佳的花灌木。宜植于庭园、公园、草坪、林缘及河边。

灯台树 *Cornus controversum*

科属：山茱萸科灯台树属

落叶乔木。枝紫红色。单叶互生，全缘，叶片宽卵形，先端突尖，常集生枝梢。伞房状聚伞花序顶生；花小，白色。核果球形，熟时由紫红变紫黑色。花期5～6月，果期8～9月。

侧枝轮状着生，层层如灯台，形成美丽的圆锥形树冠，是优美的观姿树种。花白色而美丽，果由紫红变蓝黑色。可作行道树和庭荫树，尤宜孤植。

偃伏梾木　*Cornus stolonifera*

科属：山茱萸科梾木属

　　落叶灌木。树皮红色。小枝血红色，被糙伏毛，分枝角小。单叶对生，先端骤尖，全缘。伞房状聚伞花序顶生；花白色。核果球形。花期5～9月，果期8～10月。

　　枝干鲜红，果乳白且密集，十分美观，宜植于庭园、公园、草坪、林缘及河边。

山茱萸 *Cornus officinale*

科属：山茱萸科山茱萸属

  落叶灌木或小乔木。树皮灰褐色，片状剥落。单叶对生，先端渐尖，全缘，叶面具平伏毛。伞形花序，花先叶开放；两性花，黄色。核果椭圆形，熟时红色至紫红色。花期3~4月，果期8~10月。

  树形开张，花密果繁，色泽艳丽，是优美的观花、观果树种。宜于小型庭院、亭边、园路转角处孤植或丛植。

四照花 *Dendrobenthamia japonica* var. *chinensis*

科属：山茱萸科四照花属

落叶小乔木或灌木。单叶对生，叶卵状椭圆形或卵形，侧脉3～4（5）对弧形上弯，全缘。花两性，黄白色，头状序近球形，花序下有4枚大而白色的椭圆状卵形总苞片，呈花瓣状。聚合果球形，肉质，橙红或紫红色。花期5～6月，果期9～10月。

树形整齐，初夏开花，白色总苞覆盖满树，秋叶红色，衬以紫红色果实，光彩耀眼，是一种美丽的庭园观赏树种。宜以常绿树为背景配植，可孤植于堂前、山坡、亭边、榭旁、或丛植于草坪、路边、林缘、池畔等处。

南蛇藤 *Celastrus orbiculatus*

别名：过山风、蔓性落霜红
科属：卫矛科南蛇藤属

  落叶藤本。单叶互生，叶片宽椭圆形或近圆形，先端突短尖或钝尖，基部楔形或圆形，边缘具细钝齿。短总状花序腋生。蒴果球形，假种皮红色。花期 5 月，果期 9～10 月。
  叶色入秋后变红，果实黄色，开裂后露出鲜红色假种皮，艳丽夺目，是著名观果、观叶植物，可作棚架绿化及地被植物。

树木识别手册(北方本)

丝棉木 *Euonymus maackii*

别名:白杜、明开夜合
科属:卫矛科卫矛属

  落叶小乔木。小枝细长,绿色。单叶对生。聚伞花序;花序梗略扁,淡白绿色或黄绿色。蒴果倒圆心形,成熟后果皮粉红色。种子假种皮橙红色。花期5～6月,果期9月。
  枝叶秀丽,春季满树繁花,秋后红果累累,是优良的观果树种。可作为园景树观赏,也可植于湖岸、溪边构成水景。

卫 矛 *Euonymus alatus*

别名：鬼箭羽
科属：卫矛科卫矛属

落叶灌木。小枝常具4条木栓质宽翅。单叶对生，叶片椭圆形或倒卵状椭圆形，先端尖，基部楔形。聚伞花序；花小，浅绿色。蒴果。种子具橘红色假种皮。花期5～6月，果期9～10月。

枝翅奇特，秋叶变红，红果累累，颇为美观，为优良园林观赏树种及厂区绿化树种，宜作绿篱使用。木栓翅可供药用。

大叶黄杨 *Euonymus japonicus*

别名：正木、冬青卫矛
科属：卫矛科卫矛属

常绿灌木或小乔木。小枝绿色，微四棱形。单叶对生，边缘有浅钝齿。聚伞花序腋生；花黄绿色。蒴果扁球形，粉红色，熟后4瓣裂。假种皮橘红色。花期6～7月，果期10月。

树形齐整，枝叶繁茂，四季常绿，极耐整形修剪，为优良的绿篱树种，也可修剪成各种造型。

扶芳藤 *Euonymus fortunei*

科属：卫矛科卫矛属

常绿藤本，茎匍匐或攀缘。常生有细根。单叶对生，叶缘具钝齿。聚伞花序，花白绿色，具花盘。蒴果，具黄红色或粉红皮，近球形。假种皮鲜红色，全包种子。花期6月，果期10月。

生长迅速，枝叶繁茂，具有极强的攀缘能力，入秋叶色变红，是优良垂直绿化树种，用作覆盖墙面、山石极为优美。也可作盆景观赏。

胶州卫矛 *Euonymus kiautschovicus*

科属：卫矛科卫矛属

半常绿直立或蔓性灌木。枝常披散式依附他树或墙垣、花格等他物上，基部枝匐地并生根，也可借助随生根攀缘。单叶对生，叶片倒卵形或宽椭圆形，叶缘有锯齿。聚伞花序较疏散；花淡绿色。蒴果扁球形。假种皮黄红色。花期8～9月，果期10月。

绿叶红果，颇为美丽。植于老树旁、岩石旁或花格墙垣附近，任其攀附，颇具野趣。

黄 杨 *Buxus sinica*

科属：黄杨科黄杨属

常绿灌木或小乔木。小枝四棱，有毛。单叶革质，对生，全缘，仅表面有侧脉，背面中脉基部及叶柄有毛。头状花序；花簇生叶腋，黄绿色，背部被柔毛。蒴果近球形，花柱宿存。花期4月，果期7月。

枝叶扶疏，终年常绿，生长极慢，耐修剪。可于庭园供观赏或作绿篱用，也是制作盆景的好材料。

雀舌黄杨 *Buxus bodinieri*

科属：黄杨科黄杨属

常绿灌木。小枝四棱，微有毛。单叶对生，全缘；叶薄革质，先端钝圆或微凹。头状花序腋生。蒴果卵形，熟时紫黄色。花期2月，果期5～8月。

常作绿篱树种，可整形修剪成各种几何形体，用于点缀。也可盆栽观赏或作盆景。

叶底珠 *Securinega suffruticosa*

别名：一叶萩
科属：大戟科叶底珠属

落叶灌木。单叶互生，叶片椭圆形、长圆形或卵状长圆形，两面无毛，全缘或有不整齐波状齿；叶柄短。花单性异株，无花瓣。蒴果三棱状扁球形，红褐色，无毛。花期6～7月，果期8～9月。

叶小、秀丽，果实红褐色，可植于庭园供观赏。

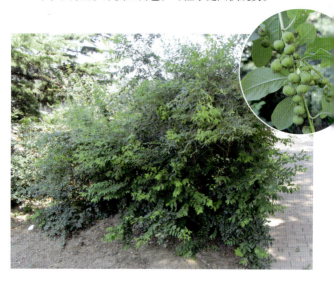

北枳椇 *Hovenia dulcia*

别名：拐枣
科属：鼠李科枳椇属

落叶乔木。树皮灰黑色，纵裂。小枝红褐色。单叶互生，叶缘具较粗钝锯齿，基部三出脉，叶柄及主脉常带红色。复聚伞花序腋生或顶生；花小，淡黄绿色。核果球形，生于肉质、扭曲的花序柄上，外果皮革质。花期 5～7 月，果期 8～10 月。

树形优美，枝条开展，枝叶浓密，叶大而荫浓。适应性强，宜作行道树、庭荫树和山地造林树种。

鼠 李 *Rhamnus davurica*

别名：老鹳眼
科属：鼠李科鼠李属

落叶灌木或小乔木。枝端常有较大的顶芽而不形成刺，或有时仅分叉处具短针刺。单叶于长枝上对生或近对生，在短枝上簇生；叶缘具圆齿状细锯齿，下面沿脉被白色疏柔毛。花小，黄绿色。核果球形，熟时紫黑色。花期5～6月，果期8～9月。

果实紫黑色，冬季不脱落，可植于庭园观赏。

新疆鼠李 *Rhamnus songorica*

别名：土茶叶
科属：鼠李科鼠李属

落叶灌木。枝端具钝刺。单叶互生或在短枝上簇生，叶片椭圆形或长圆形，先端钝，全缘或中部以上有不明显的疏锯齿。花小，数朵簇生于短枝上。核果球形。花期4～5月，果期6～8月。

果实冬季不脱落，可植于庭园观赏。

枣 树 *Ziziphus jujuba*

科属：鼠李科枣属

　　落叶乔木或小乔木。小枝呈"之"字形曲折，褐红色或紫红色；托叶刺红色，一长一短，长者直伸，短者钩曲。单叶互生，基部3主脉。花小，两性，黄绿色。核果，熟时红色。花期6月，果期8～9月。

　　树冠宽阔，枝叶繁茂，花朵虽小而香气清幽，红果累累，结满枝头。在园林绿化中可作园景树观赏。

树木识别手册（北方本）

爬山虎 *Parthenocissus tricuspidata*

别名：地锦
科属：葡萄科爬山虎属

　　落叶大形攀缘藤本。卷须短而多分枝，具吸盘。单叶互生，通常3裂，幼枝上的叶常3全裂或3小叶，基部心形，叶缘有粗齿。聚伞花序与叶对生，花两性。浆果球形，熟时蓝黑色，有白粉。花期6月，果期9～10月。

　　枝繁叶茂，入秋叶色变红，格外美观。其攀缘能力很强，在短期内能形成浓荫。可用于垂直绿化，也是良好的地被植物。

五叶地锦 *Parthenocissus quinquefolia*

别名：美国地锦、美国爬山虎
科属：葡萄科爬山虎属

攀缘性藤本。幼枝带紫红色，卷须与叶对生，先端膨大成吸盘。掌状复叶互生，具长柄，小叶5，叶缘有粗齿，质较厚，叶背稍具白粉并有毛。聚伞花序集成圆锥状，与叶对生；花黄绿色。浆果近球形，成熟时蓝黑色，稍带白粉。花期7～8月，果期9～10月。

叶、果可观赏，秋叶红艳，更显美丽，生长迅速，耐阴性强，是优良的垂直绿化材料。

树木识别手册(北方本)

葡 萄 *Vitis vinifera*

科属：葡萄科葡萄属

落叶木质藤本。有卷须，与叶对生。单叶互生，3裂至中部附近，基部心形，叶缘具不规则粗锯齿或缺刻。圆锥花序与叶对生；花小，黄绿色。浆果近球形，熟时紫红色或黄白色，被白粉。花期5～6月，果期8～9月。

其叶、果均美，秋叶红，为良好的园林棚架植物。

乌头叶蛇葡萄 *Ampelopsis aconitifolia*

科属：葡萄科蛇葡萄属

落叶藤木。卷须与叶对生，枝髓白色。掌状复叶互生，小叶3～5，披针形或菱状披针形，常羽状裂，中央小叶羽裂深达中脉，裂片具粗锯齿。花两性，黄绿色，聚伞花序与叶对生。浆果近球形，橙红色。花期6～7月，果期9～10月。

可作垂直绿化树种，用于长廊、棚架、枯树等绿化，也可作地被植物。

栾 树 *Koelreuteria paniculata*

科属：无患子科栾树属

落叶乔木。1～2回奇数羽状复叶互生，小叶卵形或卵状披针形，边缘具粗锯齿或缺裂，下面沿脉有毛。圆锥花序；花金黄色。蒴果三角状长卵形，成熟时红褐色或橘红色，中空；果皮膜质，黑色。花期6～7月，果期9～10月。

树形端正，树大荫浓，枝叶繁茂秀丽，夏日黄花满树，入秋果紫红色或红褐色，叶色变黄，是优良的花果兼赏树种，适宜作庭荫树、行道树和园景树。

【变种】

全缘栾树 var. *integrifolia* 小叶全缘，仅萌蘖枝上的叶有锯齿或缺裂。

文冠果 *Xanthoceras sorbifolia*

科属：无患子科文冠果属

  落叶灌木或小乔木。树皮灰褐色，条裂；幼枝被毛。奇数羽状复叶互生，叶缘具锐齿，下面疏被星状毛。顶生总状或圆锥花序；花杂性，白色，缘有皱波，基部有紫红色斑点。蒴果球形，果皮木质。花期4～5月，果期7～9月。

  春天白花满树，花繁果大，枝叶翠绿茂密。为我国优良特产花灌木。

七叶树 *Aesculus chinensis*

科属：七叶树科七叶树属

落叶乔木。树皮灰褐色，长方状剥落。掌状复叶对生，小叶基部楔形，叶缘细锯齿。顶生圆锥花序；花白色。蒴果扁球形，褐黄色，密生皮孔。花期5月，果期9～10月。

树冠开阔，树干耸直，叶大荫浓，初夏白花绚烂，蔚然可观。为华北著名观赏树，最宜作行道树及庭荫树。

茶条槭 *Acer ginnala*

科属：槭树科槭树属

落叶乔木，常灌木状。树皮灰褐色，微纵裂。单叶对生，常3裂；基部心形或近圆形，边缘有不规则重锯齿；叶柄及主脉常带紫红色。花序圆锥状。翅果两翅开展成锐角或近直立。花期4～5月，果期8～9月。

深秋叶色变红，株形自然，为行道树及公园、庭园观赏的红叶树种，也可栽作绿篱。

树木识别手册（北方本）

五角枫 *Acer mono*

别名：色木、五角槭、地锦槭
科属：槭树科槭树属

落叶乔木。树皮灰色或灰褐色，纵裂。单叶对生，掌状5裂，偶有3裂或7裂，全缘，下面脉腋有簇生毛。伞房花序；花小，黄绿色。果翅成钝角或近平展。花期5～6月，果期9～10月。

树冠伞形，姿态优美，入秋叶变黄或红，是著名的秋色叶树种。宜作庭荫树、行道树及风景林树种。

树木识别手册(北方本)

复叶槭 *Acer negundo*

别名:羽叶槭
科属:槭树科槭树属

  落叶乔木。小枝常具白粉。羽状复叶对生,具不规则粗锯齿,叶下面沿脉及脉腋有毛。总状花序;花无瓣。果序下垂,两翅开展成锐角。4~5月先叶开花,8~9月果熟。
  树冠广阔,为北方地区极普遍的行道树、庭荫树及防护林树种。

元宝枫 *Acer truncatum*

别名：平基槭、华北五角枫
科属：槭树科槭树属

  落叶乔木。树皮灰黄色纵裂。单叶对生，掌状5裂，裂深达叶片中部1/3处，稀7裂。伞房花序直立，顶生；花小而黄绿色。果翅与小坚果近等长，两翅开展成钝角；果核扁平。花期5月，果期9月。

  树形优美，叶形秀丽，秋叶变黄或红色。宜作行道树、庭荫树和风景林树种。

鸡爪槭 *Acer palmatum*

科属：槭树科槭树属

落叶灌木或小乔木。枝细长光滑，紫色或灰紫色。叶掌状5～9深裂，叶缘有重锯齿。顶生伞房花序；花紫色。翅果小，展开成钝角，紫红色，成熟时黄色。花期5月，果期9～10月。

树姿优美，叶形秀丽，秋叶红艳，为优良观赏树种。以常绿树或白粉墙作背景衬托，尤感美丽多姿；制成盆景或盆栽用于室内美化也极雅致。

【常见品种】

'红枫''Atropurpureum' 叶5～7深裂，常年红色或紫红色，枝条也常紫红色。

'红枫'

黄栌 *Cotinus coggygria* var. *cinerea*

别名：红叶
科属：漆树科黄栌属

　　落叶灌木。枝红褐色。单叶互生，叶片卵圆形或倒卵形，先端圆形或微凹，两面被灰色柔毛，下面尤密。顶生圆锥花序；花杂性，黄色，有很多伸长成紫色羽毛状的不孕性花梗。核果小，肾形。花期4～5月，果期6～7月。
　　树冠浑圆，秋叶红艳，是北方著名的秋色叶树种。不孕花的花梗呈粉红色羽毛状在枝头形成似云似雾的景观。适宜丛植于草坪、土丘或山坡，亦可混植于其他树群尤其是常绿树群中。

火炬树 *Rhus typhina*

科属:漆树科盐肤木属

落叶小乔木。小枝粗壮,密被长绒毛。奇数羽状复叶互生,小叶先端长渐尖,叶缘有锯齿。圆锥花序顶生。核果深红色,密被绒毛,密集成火炬形。花期6~7月,果期8~9月,经冬不落。

雌花序和果序均为红色而形似火炬,秋叶变红,十分艳丽,是优良的园景树,植于园林绿地供观赏。是世界著名的红叶树之一。

臭 椿 *Ailanthus altissima*

别名：樗树
科属：苦木科臭椿属

落叶乔木。树皮平滑或略有浅纵裂。奇数羽状复叶互生，基部具1～2个大腺齿，稀3个，搓之有臭味。圆锥花序。翅果椭圆形。花期5～6月，果期9～10月。

树姿雄伟，枝叶繁茂，春季嫩叶紫红颇为美观，夏秋红果满树。是优良庭荫树、行道树及工矿绿化树种。在国外常用作行道树，具有"天堂树"的美称。

【常见品种】

'千头'臭椿'Qiantou' 分枝细密，树冠圆头形，整齐美观。特别适合作行道树、花廊绿化材料。

香 椿 *Toona sinensis*

科属：楝科香椿属

落叶乔木。树皮暗褐色，长条片状纵裂。小枝粗壮，叶痕大，扁圆形。偶数羽状复叶（稀奇数）互生。复聚伞花序顶生；花白色。蒴果。花期6月，果期10～11月。

树干通直，其树冠大而荫浓，枝叶茂密，嫩叶红色，是很好的绿化树种，可植为行道树和庭荫树。

黄 檗 *Phellodendron amurense*

别名：檗木、黄檗木、黄柏
科属：芸香科黄檗属

  落叶乔木。枝扩展，成年树的树皮有厚木栓层。具柄下芽。奇数羽状复叶对生，小叶薄纸质或纸质。圆锥花序顶生；花单性，紫绿色。核果圆球形，蓝黑色。花期5～6月，果期9～10月。

  树形浑圆，枝叶茂密，秋季落叶前叶色由绿转黄而明亮，是非常好的秋叶树种，可作庭荫树和园景树。

臭 檀 *Evodia daniellii*

科属：芸香科吴茱萸属

落叶乔木。树皮暗灰色，平滑。裸芽。幼时密被短柔毛。奇数羽状复叶对生。聚伞圆锥花序顶生；花小，白色，单性异株。聚合蓇葖果，紫红色，先端有喙状尖。花期6～7月，果期10月。

秋叶鲜黄，果实红艳，宜作园景树观赏。

刺五加 *Acanthopanax senticosus*

科属：五加科五加属

　　落叶灌木。小枝密被细针刺。掌状复叶互生，小叶通常5，有时3，椭圆状倒卵形或长圆形，边缘具尖锐重锯齿。伞形花序单生枝顶或2～6簇生；花紫黄色。核果近球形，熟时黑色。花期7～8月，果期8～9月。

　　株丛自然，枝叶茂密，叶色浓绿，枝干刺细密，秋季紫果满树。可丛植于草坪、坡地、山石间，也可用于群落营造，作为疏林的下层灌木。

刺 楸 *Kalopanax septemlobus*

别名：鸟不宿、钉木树、丁桐皮
科属：五加科刺楸属

　　落叶乔木。小枝具粗刺。叶坚纸质，掌状5～7裂。由伞形花序排列成顶生的复圆锥花序；花白色或淡黄绿色。核果近球形，蓝黑色。花期7～8月，果期9～10月。

　　树形宽广如伞，树干通直挺拔，满身的硬刺在诸多园林树木中独树一帜；叶大而美观，叶色浓绿。适宜作行道树或园林配置。

枸 杞 *Lycium chinense*

别名：枸杞菜、枸杞头、地骨皮
科属：茄科枸杞属

　　落叶灌木。分枝多，枝细长，常弯曲下垂，具枝刺。单叶互生或簇生，叶卵形或卵状披针形，全缘。花两性，单生叶腋或簇生短枝，花萼常3中裂或4～5齿裂，花冠漏斗状，淡紫色。浆果卵状，红色。花期6～9月，果期8～11月。

　　花紫色艳丽，花期长，入秋红果累累，缀满枝头，颇为美丽。可植于池畔、河岸、山坡、路旁、悬崖石隙以及林下等，老株可作树桩盆景，雅致美观，也可作沙地造林、水土保持树种。

宁夏枸杞 *Lycium barbarum*

科属：茄科枸杞属

落叶灌木。枝具刺。单叶互生，全缘，窄长椭圆形或披针形。花单生于叶腋，花冠筒稍长于花冠裂片。浆果，熟时红色或橙色。花果期5～10月。

老蔓盘曲，小枝细柔下垂。花朵紫色，花期长，入秋红果累累，挂满枝头。宜在园林绿化中植为绿篱，或选其虬干老枝作盆景。

树木识别手册(北方本)

紫 珠 *Callicarpa japorica*

别名:日本紫珠、山紫珠
科属:马鞭草科紫珠属

落叶灌木,高1~2m。小枝无毛。单叶对生,叶缘有细锯齿。聚伞花序腋生;白色或粉红色。核果球形,紫色。花期6~7月,果期8~10月。

秋季紫色果实似奇特珍珠一般,丰富而美丽,有很高的观赏性,可丛植或与其他种类配置成景。

小紫珠 *Callicarpa dichotoma*

别名：白棠子树
科属：马鞭草科紫珠属

　　落叶藤木。小枝纤细，幼时被星状毛。单叶对生，叶片倒卵形，叶缘中部以上有疏钝齿，下面无毛，有黄棕色腺点。聚伞花序腋生；淡紫色，花丝长为花冠2倍。核果球形，亮紫色。花期5～6月，果期9～10月。

　　植株矮小，枝条柔细，入秋果实累累，色泽素雅而有光泽。是园林绿化中观花、观果的好灌木。

海州常山　*Clerodendron trichotomum*

科属：马鞭草科赪桐属

　　落叶灌木或小乔木。幼枝、叶柄、花序轴有黄褐色柔毛。单叶对生，有臭味。顶生或腋生伞房状聚伞花序；花萼紫红色，花冠筒细长，白色或带粉红色。核果球形，熟时蓝紫色，藏于增大的宿萼内。花果期6～11月。

　　枝蔓柔细，叶子稀疏。花期长，花色美，花谢后仍有鲜红色宿萼，配以蓝果，十分艳丽，为优良庭园观花观果树种。

蒙古莸 *Caryopteris mongolica*

科属：马鞭草科莸属

落叶灌木。小枝紫褐色，有时被灰色柔毛。单叶对生，叶片条状披针形，全缘，下面密被灰白色绒毛。聚伞花序腋生；花冠二唇形，蓝紫色。蒴果椭圆状球形。花果期7~9月。

花蓝紫色，淡雅美丽，可作为园景树。

互叶醉鱼草 *Buddleja alternifolia*

科属：醉鱼草科醉鱼草属

　　落叶灌木。小枝纤细，下垂。单叶互生，披针形，基部楔形，全缘，下面密被灰色绒毛。花密集簇生于去年生枝的叶腋；花冠鲜紫红色或蓝紫色，芳香。蒴果长圆形。花期5～6月，果期7～8月。

　　花虽小，但密集成簇生状的花序，花色鲜艳美丽，各地庭园多栽培观赏。

大叶醉鱼草 *Buddleja davidii*

科属:醉鱼草科醉鱼草属

落叶灌木。小枝四棱形。单叶对生,椭圆状披针形。花多,小聚伞花序集成穗状圆锥花序,从夏到秋一直盛开;花色丰富,有紫、红、暗红、白色等品种,芳香。蒴果。花期5~10月,果期9~12月。

花序大,有香气。可植为自然式花篱,也可用作坡地、墙隅绿化美化,点缀山石、庭院、道路、花坛等。

白蜡树 *Fraxinus chinensis*

科属：木犀科白蜡树属

落叶乔木。树皮灰褐色，平滑至浅纵裂。奇数羽状复叶对生，小叶 5～7。圆锥花序生于当年生枝顶；花萼钟形，无花瓣。翅果倒披针形。花期 4～5 月，果期 9～10 月。

树形端正，树干通直，冠大荫浓，秋叶橙黄，是优良的秋色叶树种，可作庭荫树、行道树和堤岸树。

洋白蜡 *Fraxinus pennsylvanica*

别名：宾州白蜡
科属：木犀科白蜡属

落叶乔木。奇数羽状复叶对生，小叶7～9，卵状长椭圆形至披针形，有锯齿或近全缘，背面通常有短柔毛。花单性异株，无花瓣，圆锥花序生于去年生枝侧。翅果倒披针形，果翅较狭，下延至果体中下部或近基部。花期4月，果期8～10月。

树形整齐，枝叶茂密，对城市环境适应性强，常用作行道树、庭荫树及防护林，也可作湖岸绿化及工矿厂区绿化树种。

绒毛白蜡 *Fraxinus velutina*

别名：绒毛梣、津白蜡
科属：木犀科白蜡属

  落叶乔木。小枝、冬芽有绒毛。奇数羽状复叶对生，小叶5（3～7），椭圆形至卵形，有锯齿，两面有毛或背面有柔毛。花单性异株，花萼4～5齿裂，无花瓣。圆锥花序生于去年生枝上。翅果长圆形，先端具翅。花期4月，果期10月。

  枝繁叶茂，树体高大，树干通直，是城市绿化的优良树种。可作行道树、庭荫树及防护林，也可作湖岸绿化及工矿厂区绿化树种。

水曲柳 *Fraxinus mandshurica*

科属：木犀科白蜡树属

落叶乔木。幼枝四棱形，无毛，冬芽黑色或近黑色。奇数羽状复叶对生，叶轴具窄翅；小叶缘具锐齿，叶下面沿脉有黄褐色绒毛。圆锥花序。单翅果。花期5～6月，果期9～10月。

树干笔直，是优良的行道树和庭荫树，也是风景林树种。

新疆小叶白蜡 *Fraxinus sogdiana*

科属：木犀科白蜡树属

落叶乔木。顶芽暗棕色，被短柔毛。奇数羽状复叶，在果枝上3叶轮生，在营养枝上2叶对生。圆锥花序生于去年生枝侧面，花两性，无花萼和花冠。翅果披针形。花期5～6月，果期8～9月。

树干通直，为良好绿化树种。可栽作行道树。

雪 柳　*Fontanesia fortunei*

科属：木犀科雪柳属

　　落叶灌木。小枝细长，4棱。单叶对生，全缘，叶片披针形。圆锥花序；花小，绿白色或微带红色，有微香。小坚果扁，周围具翅。花期5～6月，果期9～10月。

　　枝条细柔，叶片细小如柳，春季白花满树，宛如积雪，颇为美观，为优良观花和绿篱树种。

金钟连翘 *Forsythia viridissima*

科属：木犀科连翘属

落叶灌木。枝直立，小枝绿色，具片状髓心。单叶对生。花1～3朵腋生，先叶开花；花冠深黄色。蒴果卵形。花期4～5月，果期6～7月。

花枝挺直，早春黄花满树，十分鲜艳，为庭园优良观赏花木，可作花篱。

东北连翘 *Forsythia mandshurica*

科属：木犀科连翘属

  落叶灌木。枝直立，髓心片状，幼枝黄绿色。单叶对生，叶缘具粗锯齿。花生于叶腋，先叶开花；花黄色。蒴果卵圆形。花期4～5月，果期6～7月。

  花色鲜黄娇艳，是早春优良观赏花灌木之一。

连 翘 *Forsythia suspensa*

别名：黄绶带
科属：木犀科连翘属

落叶灌木。小枝细长开展，拱形下垂，髓中空，皮孔明显。单叶对生，叶缘有粗锯齿，有少数叶3裂或裂成3小叶状。花单生或簇生叶腋；先叶开花，亮黄色。蒴果卵圆形。花期3～4月，果期6～7月。

枝条拱形，早春先叶开放，花朵金黄缀满枝条，为北方早春优良观花灌木之一。可栽作花篱，或与花期相近植物配植，色彩丰富，景色美丽。

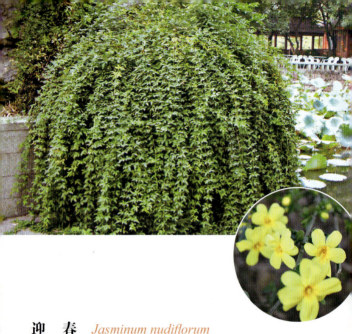

迎 春 *Jasminum nudiflorum*

科属：木犀科素馨属

落叶灌木。小枝细长，拱形，绿色，微具4棱。叶对生，复叶，小叶卵状椭圆，上面有基部突起的短刺毛。花单生，先叶开放，花冠黄色，裂片常为6，长为花冠筒1/2，常不结果。花期2～3月。

花期甚早，绿枝黄花，枝条拱垂，植株铺散。为早春观花的优良花灌木，宜栽作花篱或地被植物。

紫丁香 *Syringa oblata*

科属：木犀科丁香属

    落叶灌木或小乔木。小枝粗壮，无毛。单叶对生，叶基部心形。圆锥花序自侧芽发出；花冠紫色、蓝紫色。蒴果。花期4～5月，果期8～9月。

    叶茂花美，芳香宜人，为城市园林绿化中理想的花灌木，可广泛应用于公园、庭院、风景区内造景，也可列植作园路树。

暴马丁香 *Syringa reticulata* var. *mandshurica*

科属：木犀科丁香属

落叶灌木或小乔木。树皮灰褐色，较光滑，枝上皮孔明显。单叶对生。圆锥花序大而疏散；花白色。蒴果长圆形，先端钝或尖。花期6～7月，果期8～9月。

花期较一般丁香晚。盛花期花满枝头，色白淡雅，香味浓郁，常植于庭园观赏。

树木识别手册(北方本)

北京丁香　*Syringa pekinensis*

科属：木犀科丁香属

　　落叶灌木至小乔木。小枝较细，褐红色。叶面平坦。圆锥花序；花冠黄白色。蒴果。花期5～6月，果期9～10月。

　　花期较一般丁香晚。盛花期花满枝头，色白淡雅，香味浓郁，常植于庭园观赏。

欧洲丁香 *Syringa vulgaris*

别名：洋丁香
科属：木犀科丁香属

落叶灌木。小枝无毛。单叶对生，全缘，叶片卵形或宽卵形，长大于宽，先端长渐尖，基部多为宽楔形至截形，叶质较厚，秋天仍为绿色。圆锥花序侧生；花冠高脚碟形，蓝紫色。蒴果。花期5月，果期8～9月。

盛花期，花满枝头，香味浓郁，是丁香中的佼佼者，为珍贵庭园观赏树种，还可作切花。

四季丁香　*Syringa microphylla*

别名：小叶丁香、绣球丁香
科属：木犀科丁香属

落叶灌木。单叶对生，叶卵形至椭圆状卵形，两面及缘具毛，全缘。花两性，淡紫红色，圆锥花序紧密。蒴果小，先端稍弯，有瘤状突起。花期4～5月及9月，果期6～8月。

花美而香，枝叶茂密，宜植于庭园、机关、厂矿、居民区等地，常丛植于建筑前、茶室凉亭周围，散植于园路两旁、草坪之中，与其他丁香种类配植成专类园，形成美丽、清雅、芳香、青枝绿叶、花开不绝的景观，效果极佳。也可作盆栽、促成栽培、切花等用。

流苏树 *Chionanthus retusus*

别名：茶叶树
科属：木犀科流苏树属

　　落叶乔木。树皮灰色，纸状剥裂。单叶对生。圆锥花序；花瓣4深裂，裂片条形，白色。核果椭圆形，成熟蓝黑色。花期4~5月，果期9~10月。

　　树体高大，树冠球形，枝叶茂盛，盛花时，白花满枝，洁雅美观，秋季蓝果，为优良花果俱佳树种，宜植于园林绿地观赏。

水蜡树 *Ligustrum obtusifolium*

别名：辽东水蜡树
科属：木犀科女贞属

  落叶灌木。单叶对生，全缘。顶生圆锥花序；花梗、花序梗被柔毛，花白色。浆果状核果，成熟时黑色。花期6月，果期9～10月。

  叶浓绿，有光泽，枝条密生，耐修剪，是良好的绿篱树种。

女 贞 *Ligustrum lucidum*

别名：冬青、蜡树
科属：木犀科女贞属

常绿灌木或乔木。小枝开展。叶革质，全缘。圆锥花序顶生；花白色，花梗极短，花冠筒与花冠裂片近等长。核果矩圆形，蓝黑色，被白粉。花期5～7月，果期10～12月。

枝叶清秀，四季常绿，夏季白花满树，又适应城市的气候环境，是长江流域常见的园林绿化树种，可用作行道树、庭园树或修剪成绿篱。

小叶女贞 *Ligustrum quihoui*

科属：木犀科女贞属

落叶或半常绿灌木。枝条铺散，小枝具短柔毛。叶薄革质。圆锥花序；花白色，芳香，无梗，雄蕊伸出花冠外。核果长圆形或椭圆形，紫黑色。花期6～8月，果期9～11月。

枝叶细密，耐修剪，适宜作绿篱栽植，也可作花灌木，是优良的抗污染树种。

金叶女贞 *Ligustrum × vicaryi*

科属：木犀科女贞属

半绿小灌木。单叶对生，叶金黄色，椭圆形或卵状椭圆形。圆锥花序；花小，白色。核果阔椭圆形，紫黑色。花期6月，果期10月。

叶色金黄，尤其在春秋两季色泽更加璀璨亮丽。耐修剪，可用于绿地广场组字或图案，还可以用于小庭院装饰。

毛泡桐 *Paulownia tomentosa*

别名：紫花泡桐、绒毛泡桐、桐
科属：玄参科泡桐属

落叶乔木。幼枝、幼果密被黏腺毛，后渐光滑。单叶对生，阔卵形，基部心形，全缘，有时3浅裂，表面被柔毛及腺毛。圆锥花序，花萼裂至中部，花冠漏斗状钟形，鲜紫色或蓝紫色，内有紫斑及黄色条纹，先叶开放。蒴果卵形，长3～4cm。花期4～5月，果期8～9月。

树干端直，树冠宽大，叶大荫浓，春季先叶开放，满树鲜紫色，美丽而壮观，是观姿、观花的好树种

楸叶泡桐 *Paulownia catalpifolia*

科属:玄参科泡桐属

　　落叶乔木。枝叶稠密,树冠圆锥形。单叶对生,全缘,叶下面被灰白色星状毛。狭圆锥花序;花萼钟形,淡紫色。蒴果椭圆形或纺锤形。花期4月,果期9~10月。

　　树冠庞大,枝叶繁茂,叶大,为绿化的优良树种,也可植于庭园观花。

树木识别手册(北方本)

楸 树 *Catalpa bungei*

科属：紫葳科梓树属

落叶乔木。叶对生或轮生，卵状三角形，有时近基部有3~5对尖齿，背面脉腋有紫斑。顶生总状花序，花冠浅粉色，内面有紫红色斑点。蒴果细长下垂。种子具毛。花期4~5月，果期6~10月。

树姿雄伟，干直荫浓，花大美观，是优良的绿化观赏树种。

梓 树 *Catalpa ovata*

科属：紫葳科梓树属

落叶乔木。3叶轮生，先端急尖，基部心形，全缘或中部以上3～5裂，基部脉叶有紫斑。花大，顶生圆锥花序；花冠二唇形，乳黄色。蒴果细长下垂，状如豇豆。花期4～6月，果期9～11月。

树冠宽大，叶大荫浓，花大而形奇特，果实悬垂如豇豆，常挂于树上过冬，颇为美观。为优良的行道树、庭荫树树种。

凌 霄 *Campsis grandiflora*

科属：紫葳科凌霄属

攀缘藤本。奇数羽状复叶对生，小叶边缘有粗锯齿。顶生疏散的短圆锥花序；花萼钟状分裂至中部，裂片披针形，花冠内面鲜红色，外面橙黄色，裂片半圆形。蒴果顶端钝。花期5～8月。

干枝虬曲多姿，翠叶团团如盖，红花绿叶相衬成趣，平添无限生机。可用于棚架、假山、花廊、墙垣绿化。

美国凌霄 *Campsis radicans*

科属：紫葳科凌霄属

落叶藤本。奇数羽状复叶对生，小叶椭圆形，先端尖，边缘具疏锯齿；叶背脉间有毛。聚伞花序着生枝顶，花序繁茂紧密；花筒橘红色，裂片及边缘鲜红色。果实圆筒状长椭圆形。自然花期集中在 5～6 月和 9～10 月两个阶段；我国南方 12～2 月也为盛花期。

观花种类，多用于园林、庭院、石壁、墙垣、假山及枯树下、花廊、棚架、花门等。

锦带花　*Weigela florida*

科属：忍冬科锦带花属

落叶灌木。小枝具2棱，棱上被毛。单叶对生，下面脉上被毛。聚伞花序；花冠粉红色。蒴果柱形。花期4～5(6)月，果期9～10月。

花朵繁密而色鲜艳，花期长，为东北、华北园林主要观花灌木之一。适于群植，也可作花篱、花丛的配植树。

【常见变型、品种】

白花锦带花 f. *alba*　花近白色，有微香。

'红王子'锦带花 'Red Prince'　花鲜红色，繁密而下垂。

'红王子'锦带花

海仙花 *Weigela coraeensis*

科属：忍冬科锦带花属

落叶灌木。单叶对生，阔椭圆形，叶缘具粗锯齿，顶端尾状，基部阔楔形。聚伞花序腋生，花萼线形，裂达基部；花冠漏斗状钟形，初为白色、黄白色或淡玫瑰红色，后变为深红色。蒴果柱状。种子有翅。花期 5～6 月，果期 9～10 月。

树冠丰满，枝叶茂密粗大，花色由浅变深，盛花时几种花色同时出现，美丽动人，是观花的好树种。

树木识别手册(北方本)

猬　实　*Kolkwitzia amabilis*

科属：忍冬科猬实属

　　落叶灌木。单叶对生，两面疏生柔毛。顶生聚伞花序；花冠钟形，粉红色至紫色。瘦果状核果，被刺毛。花期5～6月，果期8～9月。

　　花朵繁密，花色鲜艳，为国内外著名观花灌木。果实宛如小刺猬，甚为别致。宜丛植于草坪，也可盆栽或作切花。

大花六道木 *Abelia×grandiflora*

科属:忍冬科六道木属

半常绿灌木。单叶对生,叶卵形至椭圆状卵形,叶缘有疏齿,表面暗绿而有光泽。花两性,圆锥花序;花冠钟形,5裂,白色或略带红晕;花萼裂片2～5,花后增大宿存,粉红色。瘦果状核果,顶端具宿萼。花期7～10月。

枝条细垂,树姿秀丽婆娑,花色鲜艳,花期长,是美丽的观花灌木。宜丛植于草坪、林缘、建筑物前。也可作盆景或绿篱材料。

糯米条 *Abelia chinensis*

别名：茶条树
科属：忍冬科六道木属

　　落叶灌木。小枝皮撕裂。单叶对生，叶卵形至椭圆状卵形，有浅锯齿，背面叶脉基部密生柔毛。花两性，圆锥状聚伞花序；花冠漏斗状，5裂，白色至粉红色；花萼裂片5，花后增大宿存，粉红色。瘦果状核果，顶端具宿萼。花期7～9月。

　　枝叶婉垂，树姿婆娑，花期甚长，花香浓郁，晶莹可爱，花谢后，粉色萼片宿存枝头，是美丽的秋花灌木。可丛植于草坪、角隅、路边、假山旁，配植于林缘、树下，也可作基础栽植、花篱、花境。

忍 冬 *Lonicera japonica*

别名：金银花
科属：忍冬科忍冬属

半常绿缠绕藤本。小枝被柔毛。单叶对生，叶片卵形至长圆状卵形，幼时两面被柔毛，全缘。花成对腋生；苞片叶状，萼筒无毛，花冠二唇形，先白色，后变黄色。浆果球形，熟时蓝黑色。花期5～7月，果期8～10月。

植株轻盈，藤蔓缭绕，花朵繁密，黄白相映，且清香宜人。是色香俱备的优良垂直绿化树种。

金银木 *Lonicera maackii*

别名：金银忍冬
科属：忍冬科忍冬属

落叶灌木。小枝中空，幼时被柔毛。单叶对生，两面被柔毛，全缘，有睫毛。花成对腋生，花冠白色后变黄色。浆果球形，熟时红色。花期5～6月，果期8～10月。

枝繁叶茂，白花满树，红果累累，为优良观花、观果花灌木。

鞑靼忍冬 *Lonicera tatarica*

别名：新疆忍冬
科属：忍冬科忍冬属

落叶灌木。小枝中空。单叶对生，叶卵形或卵状椭圆形，全缘。花两性，成对腋生，总花梗长 1～2 cm，相邻两花的萼筒分离；花冠唇形，粉红色或白色。浆果红色，常合生。花期5月，果期9月。

分枝均匀，冠形紧密，花美叶秀，是花果俱佳的观赏灌木。常丛植于草坪、角隅、径边、屋侧及假山旁。

台尔曼忍冬 *Lonicera tellmanniana*

科属:忍冬科忍冬属

  落叶藤本。枝中空。单叶对生,叶长椭圆形,主脉基部橘红色,全缘;花序下 1~2 对叶片基部合生成近圆形或卵圆形的盘。花两性,轮生,每轮 6 花,由 2~4 轮组成具总梗的头状花序;花冠唇形,橙红色或橙黄色。浆果近球形,红色,通常无果实。花期 5~10 月,果期 8~10 月。

  花色明媚,花态娇美,花香怡人,藤蔓萦绕,为优良的观赏藤木。可植于各种造型的棚架、花廊、栅栏等处作垂直绿化,也可孤植蔓生作地被植物。

华北忍冬 *Lonicera tatarinovii*

别名：藏花忍冬
科属：忍冬科忍冬属

　　落叶灌木。幼枝、叶柄和总花梗均无毛。叶上面无毛，下面除中脉外有灰白色细绒毛，后毛变稀或秃净。花成对腋生；花冠黑紫色。果实红色，近圆形。花期5～6月，果期8～9月。

　　初夏满树繁花，秋季红果满枝。适宜庭院、草坪边缘、园路两侧、假山等地丛植，为优良的观花、观果花灌木。

树木识别手册（北方本）

陇塞忍冬　*Lonicera tangutica*

别名：唐古特忍冬
科属：忍冬科忍冬属

落叶小灌木。幼枝无毛，单叶对生，叶两面被糙毛。花成对生于叶腋，下垂，黄白色带红晕。浆果，鲜红色。花期5～6月，果期7～8月。

花果俱佳，可庭园观赏。

长白忍冬 *Lonicera ruprechtiana*

科属:忍冬科忍冬属

落叶灌木。叶纸质,顶渐尖或急渐尖。总花梗长于叶柄,苞片条形,相邻两萼筒分离;花冠白色,后变黄色。浆果橘红色,圆形。花期5~6月,果期7~8月。

枝叶繁茂,花果美丽,宜庭园观赏。

接骨木 *Sambucus williamsii*

科属：忍冬科接骨木属

　　落叶灌木或小乔木。奇数羽状复叶对生，椭圆状披针形或卵圆形，叶缘有不整齐锯齿，揉后有臭气。圆锥状聚伞花序，初为粉红色，后为白色或淡黄色。浆果状核果，近球形，成熟后紫色或红色。花期4～5月，果期9～10月。

　　株形优美，枝叶茂密，春天白花满树，入秋红果累累，极为美观，为良好的夏季观果灌木。宜丛植于公园、庭园草坪，或作自然式绿篱。

鸡树条荚蒾 *Viburnum sargentii*

别名：天目琼花（《中国植物志》72卷忍冬科作者认为本种是欧洲荚蒾种下一个变种，学名 *Viburnum opulus* var. *calvescens*）

科属：忍冬科荚蒾属

  落叶灌木。树皮略带木栓质；小枝具明显皮孔。单叶对生，掌状三出脉；叶柄先端有2～4腺体。复伞形聚伞花序，周围有大型不孕花，白色，中间花可育；花冠乳白色或带粉红色。核果近球形，成熟时红色。花期5～6月，果期8～9月。

  春天观秀丽白花，入秋观累累红果，为园林中优良的花灌木，可植于公园及庭园中观赏。

陕西荚蒾 *Viburnum schensianum*

别名：土兰条
科属：忍冬科荚蒾属

  落叶灌木。小枝幼时被星状毛。冬芽裸露。单叶对生，卵状椭圆形，先端钝或稍尖，叶下面被星状毛。聚伞花序，花冠白色。核果椭圆形，熟时蓝黑色。花期5～7月，果期8～9月。

  花果俱佳，是优良的花果兼赏树种。

毛 竹 *Phyllostachys edulis*

别名:孟宗竹、猫头竹
科属:禾本科刚竹属

大型竹类。秆散生,新秆密被柔毛和白粉;基部节间短,分枝以下秆环不明显,仅箨环隆起,初被一圈脱落性毛。秆箨密被棕褐色毛和黑褐色斑点;箨耳小;箨舌宽短,弓形,两侧下延;箨叶绿色,长三角形。枝叶二列状排列,每小枝有叶2～3,叶较小,披针形。笋期3～4月。

株形若大,秆形高大,枝叶秀丽,优雅潇洒。

紫 竹 *Phyllostachys nigra*

科属：禾本科刚竹属

新秆淡绿色，密被细柔毛和白粉，箨环有毛，1年后变无毛而秆呈紫黑色；箨环与秆环均甚隆起。箨鞘密被淡褐色刺毛而无斑点；箨耳发达，长圆形至镰刀形，紫黑色，有缘毛；箨舌长，紫色；箨叶三角形或三角状披针形，舟状隆起，绿色，有多数紫色脉纹。叶片披针形，质地较薄，叶鞘初被粗毛，叶耳不明显，叶舌稍伸出。笋期4月下旬。

新秆绿色，老秆紫黑色，柔和发亮，叶翠绿。宜种植于庭院山石之间或书斋、厅堂、小径、池水旁，也可栽于盆中，置窗前、几上，别有一番情趣。

树木识别手册（北方本）

桂 竹 *Phyllostachys bambusoides*

别名：斑竹、五月竹、麦黄竹、小麦竹
科属：禾本科刚竹属

秆绿色，无毛，无白粉，秆环和箨环均隆起。箨鞘黄褐色，疏生淡褐色脱落性硬毛，箨耳紫褐色，偶无箨耳，有长而弯的缘毛；箨舌拱形，淡褐色或带绿色；箨叶带状，中间绿色，两侧紫色，边缘黄色。笋期6月，有"麦黄竹"之称。

优良的绿化树种，可小片配植，也可大片栽植形成竹林。

淡 竹 *Phyllostachys glauca*

别名：粉绿竹、花斑竹、红淡竹、毛金竹
科属：禾本科刚竹属

中型竹。梢端微弯，新秆蓝绿色，密被白粉；老秆绿色或黄绿色，节下有白粉环。秆环及箨环均稍隆起，箨鞘淡红褐色或淡绿色，有紫褐色斑点，无箨耳及缘毛。箨舌紫色；箨叶带状披针形，绿色。每小枝2～3叶，叶片披针形。叶背基部有细毛，叶舌紫色。笋期4月中旬至5月下旬。

竹林婀娜多姿，竹笋光洁如玉。适于大面积片植，也可制作小品，适用于庭园观赏，多于宅旁成片栽植。

树木识别手册(北方本)

黄槽竹 *Phyllostachys aureosulcata*

科属：禾本科刚竹属

秆绿色，凹槽处黄色，新秆密被细毛有白粉，秆环较箨环突起，秆基部有时数节生长曲折。箨淡黄色，有绿色条纹和紫色脉纹，边缘具灰白色短纤毛，被薄白粉及稀疏的紫褐细斑点；箨耳宽镰刀形，具长燧毛；箨叶长三角形至宽带形，直立，下部具白粉，基部常两侧下延成箨耳；箨舌宽短，弧形，先端有纤毛。笋期4月。

秆色优美，因其竿下部二、三节常折曲而无太大用途，主要供观赏。北方常作庭园绿化用。

阔叶箬竹 *Indocalamus latifolius*

科属：禾本科箬竹属

灌木状小型竹类。秆圆筒形，分枝与秆近等粗。秆箨宿存，质坚硬，背部有紫棕色小刺毛，箨舌平截，鞘口顶端有流苏状缘毛。箨叶狭披针形，易脱落。小枝具叶长椭圆形，表面无毛，背面灰白色，略生微毛，叶缘粗糙。笋期 5～6 月。

植株低矮，叶片宽大，园林中多用作地被植于疏林下，也可植于河边护岸。

参考文献

陈有民. 2011. 园林树木学[M]. 2版. 北京：中国林业出版社.

任步钧. 2000. 北方城市园林绿化[M]. 哈尔滨：东北林业大学出版社.

任宪威. 1997. 树木学（北方本）[M]. 北京：中国林业出版社.

王玲. 2007. 园林树木学实习指导[M]. 哈尔滨：东北林业大学出版社.

王玲，宋红. 2010. 北方地区园林植物识别与应用实习教程（北方本）[M]. 北京：中国林业出版社.

臧德奎. 2012. 园林树木识别与实习教程（北方地区）[M]. 北京：中国林业出版社.

中国科学院中国植物志编辑委员会. 2004. 中国植物志[M]. 北京：科学出版社.

卓丽环. 2003. 城市园林绿化植物指南（北方本）[M]. 北京：中国林业出版社.

卓丽环. 2006. 园林树木[M]. 北京：高等教育出版社.

卓丽环，陈龙清. 2004. 园林树木学[M]. 北京：中国农业出版社.

中文名索引

A
阿尔泰山楂   106

B
白杜   171
白果   1
白花锦带花   237
白桦   58
白鹃梅   103
白蜡树   211
白皮松   11
白杄   5
白杄云杉   5
白桑   48
白棠子树   206
白榆   45
白玉兰   25
百花山花楸   119
百日红   163
斑竹   254
板栗   52
暴马丁香   222

北京丁香   223
北五味子   32
北枳椇   179
宾州白蜡   212
檗木   199

C
藏花忍冬   246
侧柏   22
叉子圆柏   21
茶条槭   190
茶条树   241
茶叶树   226
长白落叶松   7
长白忍冬   248
柽柳   72
赤松   14
稠李   132
臭李子   132
臭椿   197
臭檀   200
樗树   197

楮   47
垂柳   80
垂丝海棠   110
刺槐   156
刺蔷薇   121
刺楸   202
刺五加   201

D
靰鞡忍冬   244
大瓣铁线莲   34
大果山楂   107
大花六道木   240
大花溲疏   89
大叶黄杨   173
大叶蔷薇   121
大叶醉鱼草   210
大字杜鹃   85
淡竹   255
灯台树   166
地骨皮   203
地锦   183

中文名索引

地锦槭	191	风箱果	100	海仙花	238
棣棠	143	枫杨	51	海州常山	207
丁桐皮	202	扶芳藤	174	旱柳	81
钉木树	202	复叶槭	192	合欢	145
东北红豆杉	24	富贵花	63	核桃	49
东北连翘	218	**G**		核桃楸	50
东北珍珠梅	101	葛	155	黑弹树	43
东京樱花	131	葛藤	155	黑皮油松	16
东陵八仙花	93	狗枣猕猴桃	65	黑枣	87
东陵绣球	93	狗枣子	65	红淡竹	255
冬青	228	枸杞	203	红花刺槐	156
冬青卫矛	173	枸杞菜	203	红花锦鸡儿	151
杜梨	118	枸杞头	203	红皮云杉	4
杜松	23	构树	47	红瑞木	165
杜仲	42	拐枣	179	红松	12
短尾铁线莲	33	鬼箭羽	172	红叶	195
多花栒子	104	桂香柳	161	胡桃	49
E		桂竹	254	胡桃楸	50
鹅耳枥	62	桧柏	18	胡杨	76
鹅掌楸	28	国槐	158	胡枝子	154
二球悬铃木	39	果松	12	槲栎	54
F		过山风	170	互叶醉鱼草	209
法桐	41	**H**		花斑竹	255
粉花绣线菊	95	海棠	115	花槐蓝	159
粉绿竹	255	海棠花	115	花木蓝	159

中文名索引

花楸	119	鸡爪槭	194	阔叶箬竹	257
华北落叶松	8	吉氏木蓝	159	**L**	
华北忍冬	246	加拿大杨	75	蜡梅	29
华北五角枫	193	加杨	75	蜡树	228
华北绣线菊	94	家桑	48	榔榆	46
华北珍珠梅	102	家榆	45	老鹳眼	180
华山松	10	江南槐	157	李	133
槐树	158	胶州卫矛	175	李子	133
黄柏	199	接骨木	249	栗子	52
黄檗	199	金老梅	109	连翘	219
黄檗木	199	金露梅	109	连香树	38
黄槽竹	256	金雀儿花	151	辽东冷杉	2
黄刺玫	124	金叶女贞	230	辽东栎	56
黄刺莓	124	金银花	242	辽东楤木	59
黄果山楂	106	金银木	243	辽东水蜡树	227
黄栌	195	金银忍冬	243	凌霄	235
黄绶带	219	金钟连翘	217	流苏树	226
黄杨	176	津白蜡	213	柳叶绣线菊	99
火把果	144	锦带花	237	陇塞忍冬	247
火棘	144	京山梅花	91	栾树	187
火炬树	196	巨骨	88	洛阳花	63
火烧尖	95	君迁子	87	**M**	
J		**K**		麻栎	53
鸡麻	141	空木	88	麻柳	51
鸡树条荚蒾	250	空疏	88	马褂木	28

中文名索引

蚂蟥梢	95	蒙古扁桃	128	爬山虎	183
麦黄竹	254	蒙古栎	55	喷雪花	96
麦李	138	蒙古莸	208	枇杷	142
满条红	149	孟宗竹	252	平基槭	193
蔓性落霜红	170	猕猴梨	66	平柳	51
猫头竹	252	猕猴桃	64	平榛	60
毛竹	252	明开夜合	171	平枝栒子	105
毛白杨	79	牡丹	63	苹果	113
毛板栗	52	木笔	26	铺地柏	20
毛赤杨	59	木姜子	30	铺地蜈蚣	105
毛刺槐	157	木槿	71	葡萄	185
毛金竹	255	木芍药	63	**Q**	
毛泡桐	231	木香	125	七叶树	189
毛山楂	108	**N**		千金榆	61
毛洋槐	157	南蛇藤	170	乔松	15
毛叶迎红杜鹃	84	鸟不宿	202	青杆	6
毛樱桃	130	宁夏枸杞	204	青杆云杉	6
卯花	88	糯米条	241	青檀	44
玫瑰	123	女贞	228	青桐	70
美国地锦	184	**O**		秋子梨	117
美国凌霄	236	欧洲丁香	224	楸树	233
美国爬山虎	184	欧洲小叶椴	67	楸叶泡桐	232
美桐	40	**P**		楸子	50
蒙椴	69	爬地柏	20	全缘栾树	187

中文名索引

雀舌黄杨	177	沙枣	161	树锦鸡儿	152
R		砂地柏	21	栓皮栎	57
忍冬	242	山丁子	111	水冬瓜	59
日本小檗	36	山定子	111	水蜡树	227
日本绣线菊	95	山合欢	146	水曲柳	214
日本樱花	131	山核桃	50	水杉	17
日本紫珠	205	山槐	146	水栒子	104
绒花树	145	山荆子	111	丝棉木	171
绒毛白蜡	213	山梨	117	四季丁香	225
绒毛梣	213	山里红	107	四照花	169
绒毛泡桐	231	山梅花	90	溲疏	88
柔毛绣线菊	97	山桃	137	穗子榆	61
软枣猕猴桃	66	山杏	135	**T**	
软枣子	66	山樱花	129	台尔曼忍冬	245
S		山樱桃	129,130	太平花	91
三球悬铃木	41	山皂荚	147	唐古特忍冬	247
三桠钓樟	31	山楂	107	棠梨	118
三桠乌药	31	山茱萸	168	桃	126
三桠绣球	98	山紫珠	205	藤萝	160
三桠绣线菊	98	杉松	2	天目琼花	250
桑树	48	陕西荚蒾	251	天女花	27
色木	191	石榴	164	天女木兰	27
沙地柏	21	柿树	86	天山花楸	120
沙棘	162	鼠李	180	天山圆柏	21

· 263 ·

中文名索引

贴梗海棠	140	小麦竹	254	偃伏梾木	167
桐	231	小叶丁香	225	洋白蜡	212
土茶叶	181	小叶椴	68	洋丁香	224
土兰条	251	小叶锦鸡儿	153	洋槐	156
土庄绣线菊	97	小叶女贞	229	痒痒树	163
W		小叶朴	43	叶底珠	178
卫矛	172	小叶杨	78	一球悬铃木	40
猬实	239	小紫珠	206	一叶萩	178
文冠果	188	心叶椴	67	翼朴	44
乌头叶蛇葡萄	186	辛夷	26	银白杨	73
无穷花	71	新疆梨	116	银杏	1
梧桐	70	新疆忍冬	244	英桐	39
五角枫	191	新疆鼠李	181	迎春	220
五角槭	191	新疆小叶白蜡	215	迎红杜鹃	84
五味子	32	新疆杨	74	油松	16
五叶地锦	184	新疆野苹果	114	娱蛤柳	51
五月竹	254	新疆圆柏	21	榆树	45
X		兴安杜鹃	82	榆叶梅	134
西伯利亚杏	135	杏	136	羽叶槭	192
西府海棠	112	绣球丁香	225	玉兰	25
细叶小檗	35	雪柳	216	郁李	139
香椿	198	雪松	9	元宝枫	193
小檗	36	**Y**		圆柏	18
小果海棠	112	偃柏	20	圆锥八仙花	92

中文名索引

月季	122	珍珠梅	102	紫椴	68
月季花	122	珍珠绣线菊	96	紫花泡桐	231
月月红	122	榛	60	紫荆	149
云杉	3	榛子	60	紫杉	24
Z		正木	173	紫穗槐	150
枣树	182	中华猕猴桃	64	紫藤	160
皂荚	148	皱皮木瓜	140	紫薇	163
皂角	148	朱藤	160	紫玉兰	26
柞树	55	籽椴	68	紫珠	205
樟子松	13	梓树	234	紫竹	253
照白杜鹃	83	紫丁香	221	钻天杨	77

拉丁学名索引

A

Abelia chinensis	241
Abelia×grandiflora	240
Abies holophylla	2
Acanthopanax senticosus	201
Acer ginnala	190
Acer mono	191
Acer negundo	192
Acer palmatum	194
Acer truncatum	193
Actindia arguta	66
Actinidia chinensis	64
Actinidia kolomikta	65
Aesculus chinensis	189
Ailanthus altissima	197
Albizia julibrissin	145
Albizia kalkora	146
Alnus sibilica	59
Armeniaca sibirica	135
Armeniace mlgaris	136
Amorpha fruticosa	150
Ampelopsis aconitifolia	186
Amygdalus davidiana	137
Amygdalus mongolica	128
Amygdalus persica	126

B

Berberis poiretii	35
Berberis thunbergii	36
Betula platyphylla	58
Broussoneta papyrifera	47
Buddleja alternifolia	209
Buddleja davidii	210
Buxus bodinieri	177
Buxus sinica	176

C

Callicarpa dichotoma	206
Callicarpa japorica	205
Campsis grandiflora	235
Campsis radicans	236
Caragana microphylla	153
Caragana rosea	151
Caragana sibirica	152

拉丁学名索引

Carpinus cordata	61	*Corylus heterophylla*	60
Carpinus turczaninowii	62	*Cotinus coggygria* var. *cinerea*	195
Caryopteris mongolica	208	*Cotoneaster horizontalis*	105
Castanea mollissima	52	*Cotoneaster multiflorus*	104
Catalpa bungei	233	*Crataegus chrysocarpa*	106
Catalpa ovata	234	*Crataegus maximowiczii*	108
Cerasus serrulata	129	*Crataegus pinnatifida*	107
Cerasus tomentosa	130	*Crataegus pinnatifida* var. *major*	107
Cerasus yedoensis	131		
Cedrus deodara	9	**D**	
Celastrus orbiculatus	170	*Dendrobenthamia japonica* var. *chinensis*	169
Celtis bungeana	43		
Cercidiphyllum japonicum	38	*Deutzia grandiflora*	89
Cercis chinensis	149	*Deutzia scabra*	88
Chaenomeles speciosa	140	*Deutzia scabra* var. *scabra*	88
Chimonanthus praecox	29	*Diospyros kaki*	86
Chionanthus retusus	226	*Diospyros lotus*	87
Clematis brevicaudata	33	**E**	
Clematis macropetala	34	*Elaeagnus angustifolia*	161
Clerodendron trichotomum	207	*Eriobotrya japonica*	142
Cornus alba	165	*Eucommia ulmoides*	42
Cornus controversum	166	*Euonymus alatus*	172
Cornus officinale	168	*Euonymus fortunei*	174
Cornus stolonifera	167	*Euonymus japonicus*	173

拉丁学名索引

Euonymus kiautschovicus	175	*Hydrangea bretschneideri*	93
Euonymus maackii	171	*Hydrangea paniculata*	92
Evodia daniellii	200	**I**	
Exochorda racemosa	103	*Indigofera kirilowii*	159
F		*Indocalamus latifolius*	257
Firmiana platanifolia	70	**J**	
Firmiana simplex	70	*Jasminum nudiflorum*	220
Fontanesia fortunei	216	*Juglans mandshurica*	50
Forsythia mandshurica	218	*Juglans regia*	49
Forsythia suspensa	219	*Juniperus rigida*	23
Forsythia viridissima	217	**K**	
Fraxinus chinensis	211	*Kalopanax septemlobus*	202
Fraxinus mandshurica	214	*Kerria japonica*	143
Fraxinus pennsylvanica	212	*Koelreuteria paniculata*	187
Fraxinus sogdiana	215	*Koelreuteria paniculata* var.	
Fraxinus velutina	213	*integrifolia*	187
G		*Kolkwitzia amabilis*	239
Ginkgo biloba	1	**L**	
Gleditsia japonica	147	*Lagerstroemia indica*	163
Gleditsia sinensis	148	*Larix olgensis*	7
H		*Larix principis-rupprechtii*	8
Hibiscus syriacus	71	*Lespedeza bicolor*	154
Hippophae rhamnoides	162	*Ligustrum* × *vicaryi*	230
Hovenia dulcia	179	*Ligustrum lucidum*	228

拉丁学名索引

Ligustrum obtusifolium	227	*Metasequoia glyptostroboides*	17
Ligustrum quihoui	229	*Morus alba*	48
Lindera obtusiloba	31	**P**	
Liriodendron chinense	28	*Padus racemosa*	132
Litsea pungens	30	*Paeonia suffruticosa*	63
Lonicera japonica	242	*Parthenocissus quinquefolia*	184
Lonicera maackii	243	*Parthenocissus tricuspidata*	183
Lonicera ruprechtiana	248	*Paulownia catalpifolia*	232
Lonicera tangutica	247	*Paulownia tomentosa*	231
Lonicera tatarica	244	*Phellodendron amurense*	199
Lonicera tatarinovii	246	*Philadelphus incanus*	90
Lonicera tellmanniana	245	*Philadelphus pekinensis*	91
Lycium barbarum	204	*Phyllostachys aureosulcata*	256
Lycium chinense	203	*Phyllostachys bambusoides*	254
M		*Phyllostachys edulis*	252
Magnolia denudata	25	*Phyllostachys glauca*	255
Magnolia liliflora	26	*Phyllostachys nigra*	253
Magnolia sieboldii	27	*Physocarpus amurensis*	100
Malus baccata	111	*Picea asperata*	3
Malus halliana	110	*Picea koraiensis*	4
Malus micromalus	112	*Picea meyeri*	5
Malus pumila	113	*Picea wilsonii*	6
Malus sieversii	114	*Pinus armandii*	10
Malus spectabilis	115	*Pinus bungeana*	11

拉丁学名索引

Pinus densiflora	14
Pinus griffithii	15
Pinus koraiensis	12
Pinus sylvestris var. *mongolica*	13
Pinus tabulaeformis	16
Pinus tabulaeformis var. *mukdensis*	16
Platanus × *hispanica*	39
Platanus occidentalis	40
Platanus orientalis	41
Platycladus orientalis	22
Populus alba	73
Populus alba var. *pyramidalis*	74
Populus euphratica	76
Populus nigra var. *italica*	77
Populus simonii	78
Populus tomentosa	79
Populus×*canadensis*	75
Potentilla fruticosa	109
Prunus armeniaca	136
Prunus davidiana	137
Prunus glandulosa	138
Prunus japonica	139
Prunus mongolica	128
Prunus padus	132
Prunus persica	126
Prunus salicina	133
Prunus serrulata	129
Prunus sibirica	135
Prunus tomentosa	130
Prunus triloba	134
Prunus×*yedoensis*	131
Pterocarya stenoptera	51
Pteroceltis tatarinowii	44
Pueraria lobata	155
Punica granatum	164
Pyracantha fortuneana	144
Pyrus betulaefolia	118
Pyrus sinkiangensis	116
Pyrus ussuriensis	117

Q

Quercus acutissima	53
Quercus aliena	54
Quercus mongolica	55
Quercus variabilis	57
Quercus wutaishanica	56

R

Rhamnus davurica	180

拉丁学名索引

Rhamnus songorica	181	*Salix matsudana*	81
Rhododendron dauricum	82	*Sambucus williamsii*	249
Rhododendron micranthum	83	*Schisandra chinensis*	32
Rhododendron mucronulatum	84	*Securinega suffruticosa*	178
Rhododendron mucronulatum var. *ciliatum*	84	*Sophora japonica*	158
		Sorbaria kirilowii	102
Rhododendron schlippenbabachii	85	*Sorbaria sorbifolia*	101
Rhodotypos scandens	141	*Sorbus pohuashanensis*	119
Rhus typhina	196	*Sorbus tianschanica*	120
Robinia hispida	157	*Spiraea fritschiana*	94
Robinia pseudoacacia	156	*Spiraea japonica*	95
Robinia pseudoacacia f. *decaisneana*	156	*Spiraea pubescens*	97
		Spiraea salicifolia	99
Rosa acicularis	121	*Spiraea thunbergii*	96
Rosa banksiae	125	*Spiraea trilobata*	98
Rosa chinensis	122	*Syringa microphylla*	225
Rosa rugosa	123	*Syringa oblata*	221
Rosa xanthina	124	*Syringa pekinensis*	223
S		*Syringa reticulata* var. *mandshurica*	222
Sabina chinensis	18	*Syringa vulgaris*	224
Sabina procumbens	20	**T**	
Sabina vulgaris	21	*Tamarix chinensis*	72
Salix babylonica	80	*Taxus cuspidata*	24

拉丁学名索引

Tilia amurensis	68
Tilia cordata	67
Tilia mongolica	69
Toona sinensis	198

U

Ulmus parvifolia	46
Ulmus pumila	45

V

Viburnum sargentii	250
Viburnum schensianum	251
Vitis vinifera	185

W

Weigela coraeensis	238
Weigela florida	237
Weigela florida f. *alba*	237
Wisteria sinensis	160

X

Xanthoceras sorbifolia	188

Z

Ziziphus jujuba	182